Krapmeier • Drössler
CEPHEUS • Wohnkomfort ohne Heizung
CEPHEUS • Living Comfort without Heating

SpringerWienNewYork

Dieses Buch ist offizielles Schlussdokument des Projektes
CEPHEUS Austria 1998 – 2001.
Detaillierte Berichte zu einzelnen Bauprojekten
(ca. 50 bis 70 Seiten Endbericht pro Gebäude)
sind als *.pdf-files auf
www.cepheus.at
verfügbar.

This book is the official concluding document of the
CEPHEUS Austria 1998 – 2001 Project.
Detailed reports on the individual building projects
(ca. 50 to 70 pages per building)
are available as *.pdf files at
www.cepheus.at.

CEPHEUS – Wohnkomfort ohne Heizung

Herausgeber und Hauptautoren:
Helmut Krapmeier
Eckart Drössler

unter Mitwirkung von:
Ignacio Martínez (freiberuflicher Architekturfotograf)
Otto Köck (freiberuflicher Architekt)
Andreas Moll (Performance Dr. Drössler KEG)
Eva Müller (Energieinstitut Vorarlberg)
Rainer Pfluger (Passivhaus-Institut Darmstadt)
Jürgen Schnieders (Passivhaus-Institut Darmstadt)
Manfred Görg (Stadtwerke Hannover AG)
Sascha Voucher (Architekturbüro Oskar Leo Kaufmann)
Hubert Speckner (Art Direction, Layout)

sowie alle genannten CEPHEUS-Austria-Partner,
die die beschriebenen Gebäude geplant, gebaut und dokumentiert haben.

CEPHEUS – Living Comfort without Heating

Editors and Main Contributors:
Helmut Krapmeier
Eckart Drössler

With contributions by:
Ignacio Martínez (Freelance Architecture Photographer)
Otto Köck (Freelance Architect)
Andreas Moll (Performance Dr. Drössler KEG)
Eva Müller (Energy Institute of Vorarlberg)
Rainer Pfluger (Passive House Institute, Darmstadt)
Jürgen Schnieders (Passive House Institute, Darmstadt)
Manfred Görg (Stadtwerke Hannover AG)
Sascha Voucher (Architekturbüro Oskar Leo Kaufmann)
Hubert Speckner (Art direction, Layout)

As well as all cited CEPHEUS Austria Partners,
who planned, built and documented the buildings described here.

Performance Dr. Drössler KEG

Technisches Büro und PR-Agentur
Steinebach 3, A-6850 Dornbirn

Satz: GRA&Wis, Dr. Hubert Speckner, A-1090 Wien
Druck: A. Holzhausen's Nfg., A-1140 Wien
Umschlagentwurf: GRA&Wis, Dr. Hubert Speckner, A-1090 Wien
Coverfotos: CEPHEUS-Häuser Wolfurt und Hallein
Übersetzungen: Pedro M. Lopez
Korrekturen: Mag. Sabine Wiesmühler, Pedro M. Lopez

Gedruckt auf säurefreiem, chlorfrei gebleichtem Papier – TCF
SPIN: 10849579

Die Deutsche Bibliothek – CIP-Einheitsaufnahme
Ein Titeldatensatz für diese Publikation ist bei der Deutschen Bibliothek erhältlich

Mit zahlreichen farbigen Abbildungen

ISBN 3-211-83720-5 Springer-Verlag Wien New York

Typesetting: GRA&Wis, Dr. Hubert Speckner, A-1090 Vienna
Printing and binding: A. Holzhausen's Nfg., A-1140 Vienna
Cover design: GRA&Wis, Dr. Hubert Speckner, A-1090 Vienna
Cover photos: CEPHEUS houses Wolfurt and Hallein
Translation: Pedro M. Lopez
Correction: Mag. Sabine Wiesmühler, Pedro M. Lopez

Printed on acid-free and chlorine-free bleached paper

SPIN: 10849579

With numerous coloured figures

ISBN 3-211-83720-5 Springer-Verlag Wien New York

VORWORT

Wir – und damit meinen wir unsere Generation, all jene, die in diesen Jahren und Jahrzehnten aktiv im Berufsleben stehen – haben den Auftrag erhalten, das Leben unserer Gesellschaft weiter zu entwickeln, Gesundheits-, Bildungs- und Komfortniveau zu erhalten und zu verbessern, dabei aber den fossilen Energieverbrauch dramatisch zu senken und dadurch den Fortbestand unserer Gesellschaft zu sichern.

In der Raumwärmeversorgung ist die Entwicklung inzwischen so weit gediehen, dass deutlich erkannt wird, wie zumindest im Bauwesen diese Aufgabe zu erfüllen ist. Mit der Entwicklung des Passivhauses, beginnend in den frühen 90er Jahren, wurde ein Weg eingeschlagen, der sich mit Abschluss des Projektes CEPHEUS als richtig und gangbar herausgestellt hat. Durch die Passivhaustechnologie lässt sich ohne erhebliche Mehrkosten und mit weiter entwickeltem Wohnkomfort der Heizenergiebedarf eines Wohnhauses um bis zu 80 % senken.

Die in Österreich im Rahmen des CEPHEUS-Projektes errichteten Passivhäuser sind in diesem Buch dokumentiert. Entgegen den sonst üblichen Gepflogenheiten, Endberichte in kleiner Stückzahl für Insider herzustellen, haben wir uns entschieden, die Ergebnisse diesmal in Buchform professionell fotografiert und dokumentiert zu präsentieren. Dieses Buch soll helfen, die Erkenntnis, dass in unseren Breiten heizungs freies Bauen und Wohnen nicht nur möglich, sondern empfehlenswert ist, in die Breite zu tragen, und zur Nachahmung motivieren.

Es ist deshalb kein Lehrbuch, es ist erst recht kein Planungshandbuch. Es soll einen attraktiven Überblick über das Erreichte geben, es soll vor allem auch zeigen, dass Passivhäuser von keiner Einheitsarchitektur geprägt sind und dass sich die Wohnräume durch nichts von gewohntem Komfort und Eleganz unterscheiden.

Messergebnisse, Detailwissen, weitere Skizzen sind ebenfalls publiziert. Sie können kostenlos

WOLFURT

We – and we mean our generation, those who have been active in professional life over the last years and decades – have been entrusted with the task of developing our society further. We should preserve and improve on our levels of health, education and comfort while reducing fossil fuel consumption drastically. This should insure the further existence of our society.

Development in the field of room heating has reached such an advanced stage by now that it is clearly recognized how this task can be completed in terms of construction. The development of the passive house in the early 90's marked a path that has proven to be right and practicable after the conclusion of the CEPHEUS project. Passive house technology makes it possible to lower heating energy requirements by up to 80 % while enjoying fully developed living comfort without major additional investments.

FOREWORD

aus dem Internet bezogen werden. Für jedes Gebäude ist ein Detailbericht im Umfang von 50 bis 70 Seiten unter **www.cepheus.at** zu finden und kann von dort kostenlos kopiert werden. Aus diesem Grund wurde auch darauf verzichtet, über alle Projekte akribisch gleichartig zu berichten, vielmehr wird von jedem Gebäude eher das Besondere als das Grundlegende gezeigt.

Ebenso haben wir auf die Angabe einer Literaturliste verzichtet. Diese wird laufend aktualisiert unter:

**www.cepheus.at, www.cepheus.de,
www.passiv.de, www.3-liter-haus.at**

Dank gebührt:

◇ allen aktiven Pionieren, Vorausdenkern und Mitarbeitern, die in den letzten 10 Jahren an der Entwicklung des Passivhauses gearbeitet haben, allen voran Dr. Wolfgang Feist und dem Passivhaus-Institut in Darmstadt;
◇ allen Projektmitarbeitern, die die österreichischen Gebäude geplant, gebaut und dokumentiert haben; ihre Endberichte sind Basis für dieses Buch;
◇ sowie den Förderern dieses Projektes, ohne deren finanzielle Hilfe die Projektdurchführung nicht möglich gewesen wäre.

Dornbirn, September 2001

Helmut Krapmeier   Eckart Drössler

The projects that were built in Austria as part of the CEPHEUS project are documented in this book. As opposed to the typical habit of producing a small number of final reports, we have chosen to publish our results in book form, documented with professional photography. This book should help make it the clear that heating-free building is not only possible, but recommendable in these latitudes. It should also serve to convey this knowledge at a broader level and as motivation to follow this path.

Therefore, this book is not a study manual and certainly not a planning handbook. It offers an attractive overview of what has been achieved and most of all, it shows that passive houses are not defined by any form of uniform architecture. It also proves that passive house living rooms do not lack any of the customary sense of comfort and elegance.

Measurement results, detailed information and additional drawings have also been published. They can be acquired on the Internet free of charge. A 50 to 70 page report on each building can be found at **www.cepheus.at** and copied free of charge. This is why the project reports are not all identical throughout the book. Instead, the special features of each building have been emphasized in this publication.

We also did not include a reading list. It is continuously updated at:

**www.cepheus.at, www.cepheus.de,
www.passiv.de, www.3-liter-haus.at**

We owe our gratitude to:

◇ All active pioneers, trailblazers and staff members who have cooperated with us in developing passive houses over the last ten years, most of all Dr. Wolfgang Feist and the Passive House Institute, Darmstadt.
◇ All project staff members who planned, built and documented the Austrian buildings. Their final reports provide the basis for this book.
◇ And all supporters of this project whose financial support made the execution of the project possible.

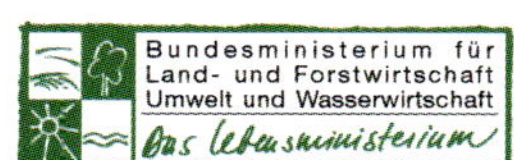

CEPHEUS-Austria-Projektleitung:
Helmut Krapmeier, Architekt, Energieinstitut Vorarlberg, Dornbirn, Vorarlberg

CEPHEUS-Austria-Partner:
- Kohler Wohnbau, Bauträger, Egg, Vorarlberg
- Josef Fink & Markus Thurnher, Architekten, Bregenz, Vorarlberg
- Caldo Bau GmbH, Bauunternehmen, Ludesch, Vorarlberg
- Gerhard Zweier, Architekt, Wolfurt, Vorarlberg
- Fussenegger & Rümmele GmbH, Bauträger und Bauunternehmen, Dornbirn, Vorarlberg
- Otmar Essl, Architekt, Hallein, Salzburg
- Heimat Österreich, Bauträger, Salzburg
- Walter Scheicher, Atelier 14, Architekt, Hallein, Salzburg
- BauSparerHeim, Bauträger, Salzburg
- Team Pongau 3, Spiluttini-Kramer-Burgschwaiger, Bauunternehmen, Schwarzach, Salzburg
- Experta Wohnbau, Bauträger, Hallein, Salzburg
- Buhl Bauunternehmens GmbH, Bauträger und Bauunternehmen, Gars am Kamp, Niederösterreich
- Martin Treberspurg, Architekt, Wien
- Energieinstitut Linz, Oberösterreich

CEPHEUS-Austria-Förderer:
- Bundesministerium für Verkehr, Innovation und Technologie
- Bundesministerium für Wirtschaft und Arbeit
- Bundesministerium für Land- und Forstwirtschaft, Umwelt und Wasserwirtschaft
- Verband der Elektrizitätswerke Österreich
- Vorarlberger Kraftwerke AG
- Land Vorarlberg
- Gemeinschaft Dämmstoff-Industrie
- Energieinstitut Vorarlberg

CEPHEUS Austria Project Management:
Helmut Krapmeier, Architect, Vorarlberg Energy Institute, Dornbirn, Vorarlberg, Austria

CEPHEUS Austria Partner:
- Kohler Wohnbau, Contractors, Egg, Vorarlberg
- Josef Fink & Markus Thurnher, Architects, Bregenz, Vorarlberg
- Caldo Bau GmbH, Building Company, Ludesch, Vorarlberg
- Gerhard Zweier, Architect, Wolfurt, Vorarlberg
- Fussenegger & Rümmele GmbH, Building Contractor and Construction Company, Dornbirn, Vorarlberg
- Otmar Essl, Architect, Hallein, Salzburg
- Heimat Österreich, Building Contractors, Salzburg
- Walter Scheicher, Atelier 14, Architect Hallein, Salzburg
- BauSparerHeim, Building Contractors, Salzburg
- Team Pongau 3, Spiluttini-Kramer-Burgschwaiger, Construction Company, Schwarzach, Salzburg
- Experta Wohnbau, Building Contractors, Hallein, Salzburg
- Buhl Bauunternehmens GmbH, Building Contractors and Construction Company, Gars am Kamp, Lower Austria
- Martin Treberspurg, Architect, Vienna
- Linz, Upper Austria

CEPHEUS Austria Contributors:
- Federal Ministry of Transportation, Innovation and Technology
- Federal Ministry of Economics and Employment
- Federal Ministry of Agriculture, Forestry, the Environment and Water Management
- Association of Austrian Electric Plants
- Vorarlberger Kraftwerke AG
- The Federal Province of Vorarlberg
- Insulation Industry Community

- Energy Institute Vorarlberg

Einleitung, Überblick, Ergebnisse

Was ist CEPHEUS ?

CEPHEUS (Cost Efficient Passive Houses as EUropean Standards) ist ein Projekt innerhalb des THERMIE-Programms der Europäischen Kommission. Mit diesem Demonstrationsprojekt wurde die Tragfähigkeit des Passivhauskonzeptes im europäischen Raum geprüft und bewiesen. In fünf europäischen Ländern wurden 14 kostengünstige Passivhäuser mit insgesamt 221 Wohneinheiten errichtet. Alle Häuser sind bewohnt und wurden bzw. werden durch ein einheitliches Messprogramm wissenschaftlich ausgewertet.

Deutschland	72 Wohneinheiten
Frankreich	40 Wohneinheiten
Österreich	84 Wohneinheiten
Schweden	20 Wohneinheiten
Schweiz	5 Wohneinheiten

Dieses Buch ist Bestandteil des österreichischen Teilprojektes und präsentiert die österreichischen Projekte. Alle Diagramme und Übersichten, die für die Gesamtheit aller 14 CEPHEUS-Projekte erstellt wurden und die daher Informationen über die Projekte auch in den Partnerländern enthalten, wurden so belassen. Im Detail wird aber nur auf die österreichischen Projekte eingegangen. Vertiefende Informationen über die Partnerprojekte außerhalb Österreichs sind zu finden unter www.cepheus.de.

Umfassende Detailinformationen über die österreichischen Projekte sind zu finden unter www.cepheus.at (alle Endberichte sind als pdf-Files im Umfang von ca. 50-70 Seiten pro Projekt kostenlos verfügbar).

What is CEPHEUS ?

CEPHEUS (Cost Efficient Passive Houses as EUropean Standards) is a project within the THERMIE-Programm of the European Commission. This demonstration project served to examine and prove the sustainability of the Passive House Concept in Europe. 14 inexpensive passive houses with a total of 221 residential units were built. All houses have occupants and were or are being evaluated scientifically via a standardized measurement program.

Germany	72 Residential Units
France	40 Residential Units
Austria	84 Residential Units
Sweden	20 Residential Units
Switzerland	5 Residential Units

This book is part of the Austrian project segment and presents the Austrian projects. All the diagrams and overviews that were produced for the 14 CEPHEUS projects contain information on the projects in the other participating countries as well and were left intact. However, only the Austrian projects are discussed in detail. In-depth information on the partner projects outside of Austria can be found at www.cepheus.de.

Comprehensive detailed information on the Austrian projects can be found at www.cepheus.at (all final reports are available free of charge as 50 to 70 page pdf-files).

Introduction, Overview, Results

Die Ziele des Projektes CEPHEUS

Mit dem Bau und der wissenschaftlichen Evaluierung des Betriebs von 221 Wohneinheiten im Passivhausstandard in fünf europäischen Ländern wurden folgende Ziele verfolgt:

◊ Nachweis der Durchführbarkeit (Erreichen der vorgegebenen Energiekennwerte) bei gleichzeitiger Beschränkung auf geringfügige Mehrkosten (Ziel ist die Kompensation der Mehrinvestitionen durch Einsparungen im Betrieb) für eine Reihe unterschiedlicher Gebäude und Bautypen mit Architekten und Bauherren in verschiedenen europäischen Ländern;

◊ Untersuchung der Investor-Käufer-Akzeptanz und des Nutzerverhaltens unter realen Bedingungen für eine repräsentative Breite von Fallbeispielen;

◊ Prüfung der Anwendbarkeit des Qualitätsstandards für Passivhäuser in ganz Europa in Bezug auf deren kostengünstige Planung und Erstellung;

◊ Schaffung von Gelegenheiten zum Kennenlernen des Passivhausstandards für interessierte Baufachleute und Laien an mehreren Standorten in Europa;

◊ Setzen von Entwicklungsimpulsen für die weitere Planung energie- und kosteneffizienter Gebäude sowie für die Weiterentwicklung und verstärkte Markteinführung einzelner innovativer passivhaustauglicher Komponenten;

◊ Schaffung der Voraussetzungen für eine breite Markteinführung kostengünstiger Passivhäuser;

◊ Darstellung der Eignung des Passivhausstandards als Basis für eine kostengünstige, in der Jahresbilanz vollkommen CO_2-freie (klimaneutrale) Deckung des Energiebedarfs von Neubausiedlungen am Beispiel des Teilprojekts Hannover-Kronsberg;

◊ Präsentation dieses Konzepts nachhaltiger, da vollkommen primärenergie- und klimaneutraler Energieversorgung von Neubausiedlungen in Verbindung mit allen Teilprojekten von CEPHEUS auf der Weltausstellung EXPO 2000 in Hannover.

The CEPHEUS Project Goals

The following objectives were pursued with the building and scientific evaluation of 221 residential units in five European countries that comply with passive house standards:

◊ Proof of the practicability (achieving the defined characteristic energy values) while keeping additional costs low (the goal is to compensate for the additional investments with operational savings) for a series of different buildings and building types with different architects and contractors in various European countries.

◊ Study of investor/buyer acceptance and passive house properties under use in real conditions on a broad base of representative case studies.

◊ Examination of the applicability of passive house quality standards in all of Europe with reference to the cost efficient planning and construction thereof.

◊ Creation of opportunities to familiarize themselves with passive house standards for building experts and laymen at a number of locations in Europe.

◊ Generation of impulses for the planning of additional low energy and cost effective buildings and the further development and emphasized market introduction of individual passive house compatible components.

◊ Creation of the conditions for a broad introduction of low cost passive houses on the market.

◊ Delineation of the applicability of the passive standard as the basis for low cost housing that covers its yearly balance of energy requirements by completely (climate-neutral) CO_2-free means. This is represented by the housing projects in the Hannover-Kronsberg project segment.

◊ Presentation of this concept of a sustained, - since primary energy and climate-neutral-energy supply for new housing projects in connection to all CEPHEUS project segments shown at the EXPO 2000 in Hannover.

CEPHEUS Austria

In Österreich wurden in Niederösterreich, Oberösterreich, Salzburg und Vorarlberg von privaten Errichtergemeinschaften, privaten Bauträgern und gemeinnützigen Wohnbaugesellschaften Passivhäuser in unterschiedlicher Form errichtet. Frei stehende Einfamilienhäuser, Reihenhäuser, und Geschosswohnungsbauten in Massiv-, Leicht- oder Mischbauweise in üblicher Art als Baustellenfertigung oder in vorgefertigten Elementen zeigen, dass das Passivhaus ein Konzept ist, welches mit unterschiedlichen Baumaterialien und Bauformen errichtet werden kann. Insgesamt wurden in Österreich 84 Wohneinheiten geschaffen. In den folgenden Kapiteln werden die neun österreichischen Projekte beschrieben.

CEPHEUS Austria wurde unterstützt und finanziert von:

◇ Bundesministerium für Verkehr, Innovation und Technologie
◇ Bundesministerium für Wirtschaft und Arbeit
◇ Bundesministerium für Land- und Forstwirtschaft, Umwelt und Wasserwirtschaft
◇ Verband der Elektrizitätswerke Österreich
◇ Vorarlberger Kraftwerke AG
◇ Land Vorarlberg
◇ Gemeinschaft Dämmstoff-Industrie
◇ Energieinstitut Vorarlberg

CEPHEUS Austria

Passive houses of varying forms were built in Lower Austria, Upper Austria, Salzburg and Vorarlberg in Austria by private building cooperations, private contractors and community housing project construction companies. Freestanding single-family houses, terraced houses and multi-floor apartment buildings were built with solid, light or mixed building techniques. They were built both as conventional construction site buildings and with prefabricated elements. This shows that the passive house concept can be applied with various construction materials and building forms. A total of 84 units were built in Austria. The following chapters describe the nine Austrian projects.

CEPHEUS Austria was supported and financed by:

◇ The Federal Ministry of Traffic, Innovation and Technology
◇ The Federal Ministry of Economics and Employment
◇ The Federal Ministry for Agriculture, Forestry, the Environment and Water management
◇ The Association of Austrian Electric plants
◇ Vorarlberger Kraftwerke AG
◇ The Federal Province of Vorarlberg
◇ The Insulation Industry Community
◇ The Energy Institute Vorarlberg

Das Passivhauskonzept

Passivhäuser sind Gebäude, in denen die von den Menschen erwünschte Behaglichkeit kostengünstig mit rund 80 % weniger Energieaufwand erreicht wird. Kostengünstig sind Passivhäuser deshalb, weil sie nach dem Prinzip der Einfachheit nur die ohnehin erforderlichen Komponenten eines Gebäudes optimieren: die Wände, Böden, Decken, Fenster und die aus hygienischen Gründen sinnvolle automatische Komfortlüftung.

Der Begriff „Passivhaus" definiert einen Baustandard, der mit verschiedenen Bauweisen, -formen und -materialien zu erreichen ist. Das Passivhaus ist eine Weiterentwicklung des Niedrigenergiehauses. In einem Passivhaus wird ein behagliches Innenklima im Sommer wie auch im Winter ohne ein herkömmliches Heizsystem erreicht. Dazu ist es nötig, den Heizleistungsbedarf in der Regel auf 10 W/m² Wohnnutzfläche zu reduzieren. Nur so kann auf ein konventionelles Heizsystem verzichtet werden. Daraus ergibt sich ein jährlicher Heizwärmebedarf von etwa 15 kWh/(m²a). Das heißt, dass ein Passivhaus ca. 80 % weniger Heizenergie benötigt als ein Gebäude, welches nach den aktuell gültigen Wärmeschutz- und Bautechnikverordnungen der jeweiligen Länder gebaut wird.

Der Name „Passivhaus" wurde gewählt, weil im Wesentlichen die „passive" Nutzung der vorhandenen Wärme aus der Sonneneinstrahlung durch die Fenster sowie der Wärmeabgabe von Geräten und Bewohnern ausreicht, um das Gebäude

The Passive House Concept

Passive houses are buildings in which the comfort desired by consumers is achieved cost-effectively with around 80 % less energy consumption. Passive houses are cost-effective because they are built on the principle of simplicity and only optimize the components required for a building: the walls, floors, roofs, windows and the automatic comfort ventilation employed for hygienic reasons. The term „passive house" defines a building standard that can be achieved with different construction techniques, forms and materials. The passive house is the next development stage of the low energy house. Comfortable climate conditions are achieved without a conventional heating system in a passive house. It is necessary to reduce the energy required to 10 W/m of living

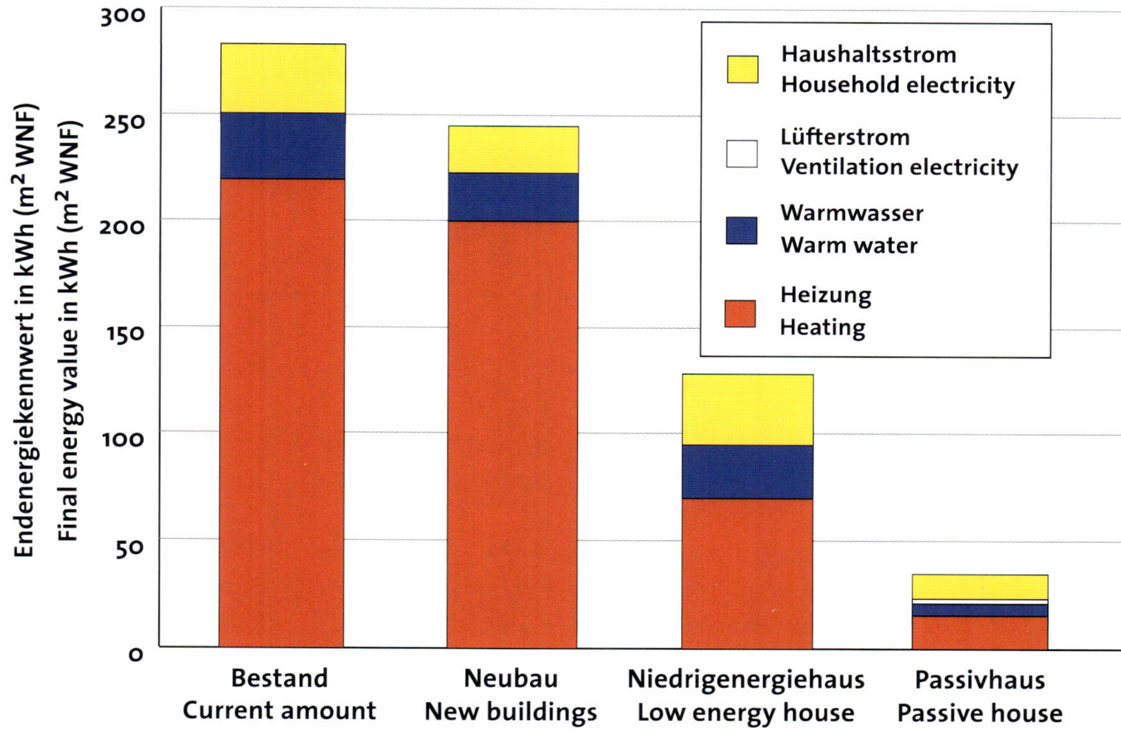

BESTAND: ÖSTERREICH BIS 1990
NEUBAU: ÖSTERREICH, DURCHSCHNITT AB 1991
(BEIDES: CEPHEUS AUSTRIA, REFERENZWERTE AUS ÖSTAT 1997 FÜR DIE BAUPERIODE WOHNBAUTEN VON 1991 BIS 1995, DR. R. HAAS, TU WIEN)
NIEDRIGENERGIEHAUS: ALS BEISPIEL: VORARLBERGER ENERGIESPARHAUS, ENERGIEINSTITUT VORARLBERG
PASSIVHAUS: GEMÄSS PASSIVHAUS INSTITUT DARMSTADT

während der Heizperiode auf angenehmen Innentemperaturen zu halten, also ohne konventionelles aktives Heizsystem.

area in order to do so. This is the only way a conventional heating system can be eliminated. This results in a yearly energy requirement of around

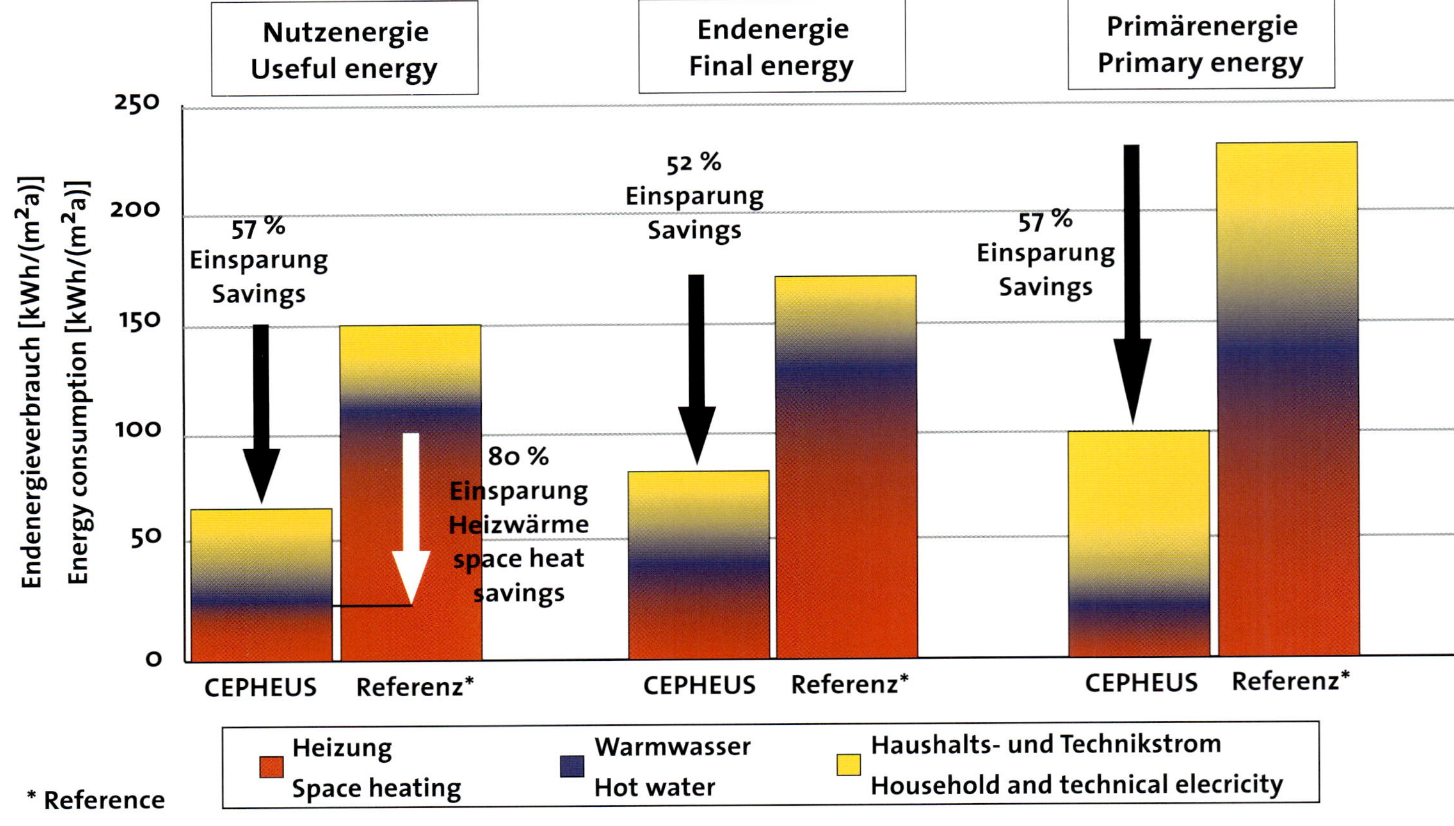

Quelle/source: Passivhaus-Institut Darmstadt, Jürgen Schnieders

Nutzenergie/Nutzwärme: für die jeweilige Dienstleistung oder als Raumwärme wirksame Energie.

Endenergie: die für die jeweils erforderliche Dienstleistung bzw. Raumwärme tatsächlich eingesetzte Energie: geliefertes Heizöl, geliefertes Gas, bezogener Strom, gelieferte Pellets.

Primärenergie: die für die jeweilige Dienstleistung oder Raumwärme aufzubringende fossile Energie (z.B. auch Transportenergie für Brennholz).

CEPHEUS: Mittelwerte aus allen 14 CEPHEUS-Projekten der 5 genannten Länder, Messwerte.

Referenz: Mittelwerte aller 14 CEPHEUS-Projekte unter der Annahme, dass alle Gebäude entsprechend der für sie geltenden baugesetzlichen

15 kWh/(m²a). This means that a passive house requires around 80 % less heating energy than a building that is built according to the current heat insulation and construction guidelines in the respective countries.

The name passive house was chosen principally because the „passive" use of the available energy from sun radiation throught the windows and the heat emissions of appliances and inhabitants suffice to keep the building at pleasant temperatures during the heating period. There is no use of a conventional active heating system.

Active Energy/Active Heat Value: Active energy value/heat value for the respective service or energy used for heat-effective purposes.

Minimumwerte errichtet worden wären. (Raumwärme: errechnete Daten, Warmwasser und Strom: Durchschnittswert der statistisch bekannten Daten der einzelnen Länder).

Auf der Ebene Nutzenergie wird eine Gesamteinsparung von 57 % erreicht, allein der Raumwärmebedarf wird um 80 % gesenkt. Auf der Ebene Endenergie ist eine Einsparung von 52 % zu verzeichnen, auf der Ebene Primärenergie 57 % gegenüber den in den Baugesetzen zulässigen Ausführungsstandards.

Final Energy: The amount of energy actually required for the service or heat-effective purpose, actually required supplied heating oil, electricity consumed, amount of pellets delivered.

Primary Energy: The amount of fossil energy required for each service or room heat-effective purpose (e.g. the transportation energy for combustible wood).

CEPHEUS: Average values for all 14 CEPHEUS projects in the countries that have been named, Measurement Results.

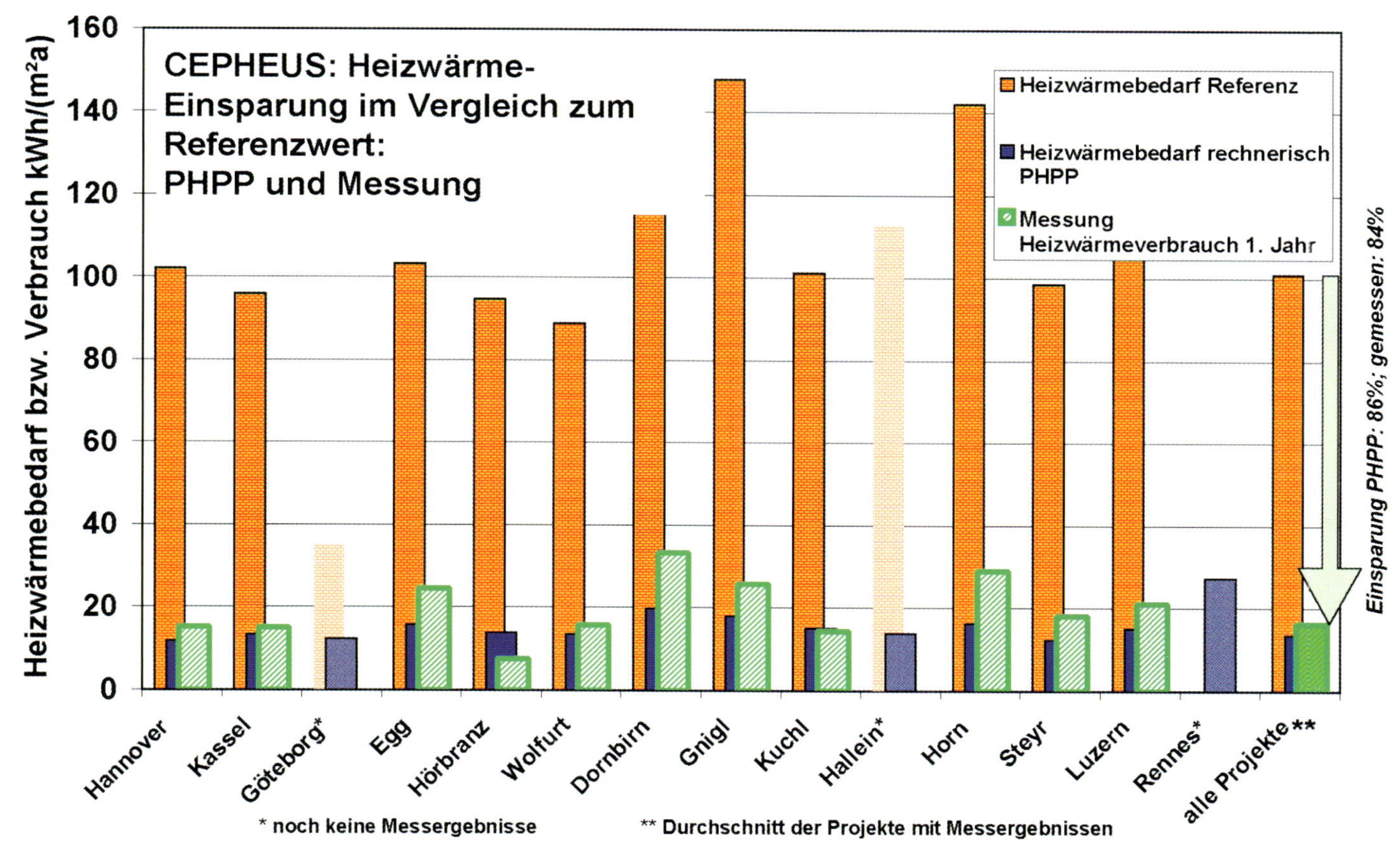

Quelle/source: Jürgen Schnieders, Passivhaus-Institut Darmstadt; PHPP: Passivhaus-Projektierungs-Paket, das Energiebilanzierungsverfahren des Passivhaus-Instituts Darmstadt

Von den meisten Projekten liegen bereits kontinuierliche Messwerte über eine Heizperiode vor. Diese Grafik zeigt die Gegenüberstellung des Heizwärmebedarfs und -verbrauches der einzelnen Projekte. Es werden jeweils der rechnerische Bedarf des Hauses bei Errichtung nach gültigem Bautechnikgesetz mit dem Bedarf der ausgeführten Passivhausvariante und dem tatsächlichen Verbrauch gegenübergestellt. Es ist dabei

Reference: Average values of all 14 CEPHEUS projects under the assumption that all buildings were built in compliance with the minimum values of the currently valid building laws (Room heat: calculated data, warm water and electricity:

zu beachten, dass der Bedarf immer um den Wirkungsgrad des Heizsystems kleiner als der Verbrauch ist, das heißt, dass zu erwarten ist, dass die Verbrauchssäule um etwa 20 bis 25 % höher sein sollte als die errechnete Bedarfssäule. Beim Studium dieser Grafik ist zu beachten, dass im ersten Heizwinter bei den massiv errichteten Gebäuden die Bautrocknung für erhöhten Energieverbrauch sorgt sowie weiters erst im Laufe des Winters der Umgang mit dem neuen System erlernt wird.

Der Energieverbrauch für Warmwasser wird durch mehrere Maßnahmen reduziert. Zum einen wird der Verbrauch des Wassers selbst durch Einbau wasser sparender Armaturen reduziert. Leitungen werden möglichst kurz geplant, Leitungen und Speicher werden sehr gut gedämmt. Dadurch lässt sich der Heizenergiebedarf für das Warmwasser auf etwa 15 kWh/(m²a) senken. Zum anderen wird durch den Ersatz fossiler Energieträger durch Wärmepumpen mit Arbeitszahlen über mindestens 3,5 oder Solarkollektoren der Energieverbrauch weiter bis auf 10 kWh/(m²a) gesenkt.

Überblick über diese Einsparungen gibt der Vergleich des Endenergieverbrauches:

average value based on the known statistical information of the individual countries).

Total savings of 57 % were achieved on the level of active energy. The room heat requirement alone dropped by 80 %. A 52 % saving was achieved in terms of final energy and a 57 % reduction of primary energy in relation to the construction standards permitted by building laws

There are continuous measurement reports for complete heating periods on most of the projects. This graph shows the comparison between the heating energy requirements and consumption of the individual projects. Each example includes a comparison between the requirements as calculated under the currently applicable construction method laws and the requirements of the completed passive house variant. It should be noted that the requirement is always lower than the consumption according to the degree of effectiveness of the heating system. This means that it can be expected that the consumption column will always be 20 to 25 % higher than the requirement column calculations. It should be kept in mind when studying the graph that the drying of the solid construction buildings was responsible for higher energy consumption

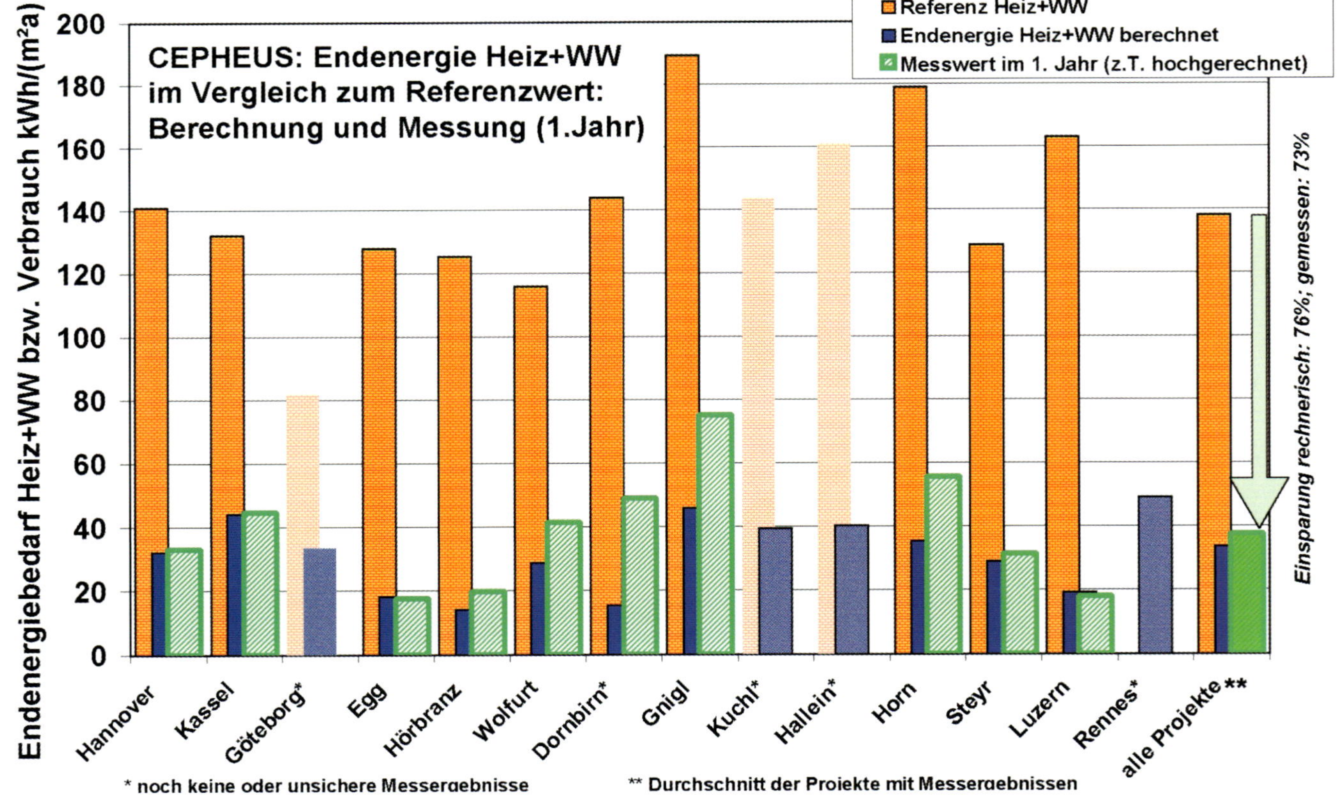

QUELLE/SOURCE: JÜRGEN SCHNIEDERS, PASSIVHAUS-INSTITUT DARMSTADT

In einem Passivhaus soll gleichzeitig der über die Raumwärme hinaus erforderliche Energiebedarf (Strombedarf für Hausgeräte, Warmwasser etc.) durch Einsatz effizienter Technologie minimiert werden. Ziel ist es, den gesamten Endenergiebedarf für Heizung, Warmwasser und Hausgeräte auf maximal 42 kWh/(m²a) zu beschränken.

and that experience with the use of the new systems had to be acquired.

The energy consumption for warm water was reduced with a number of measures. For one, mounting water-saving fixtures reduced water consumption itself. Lines were planned as short as possible, lines and storage tanks were insulated very thoroughly. This makes it possible to

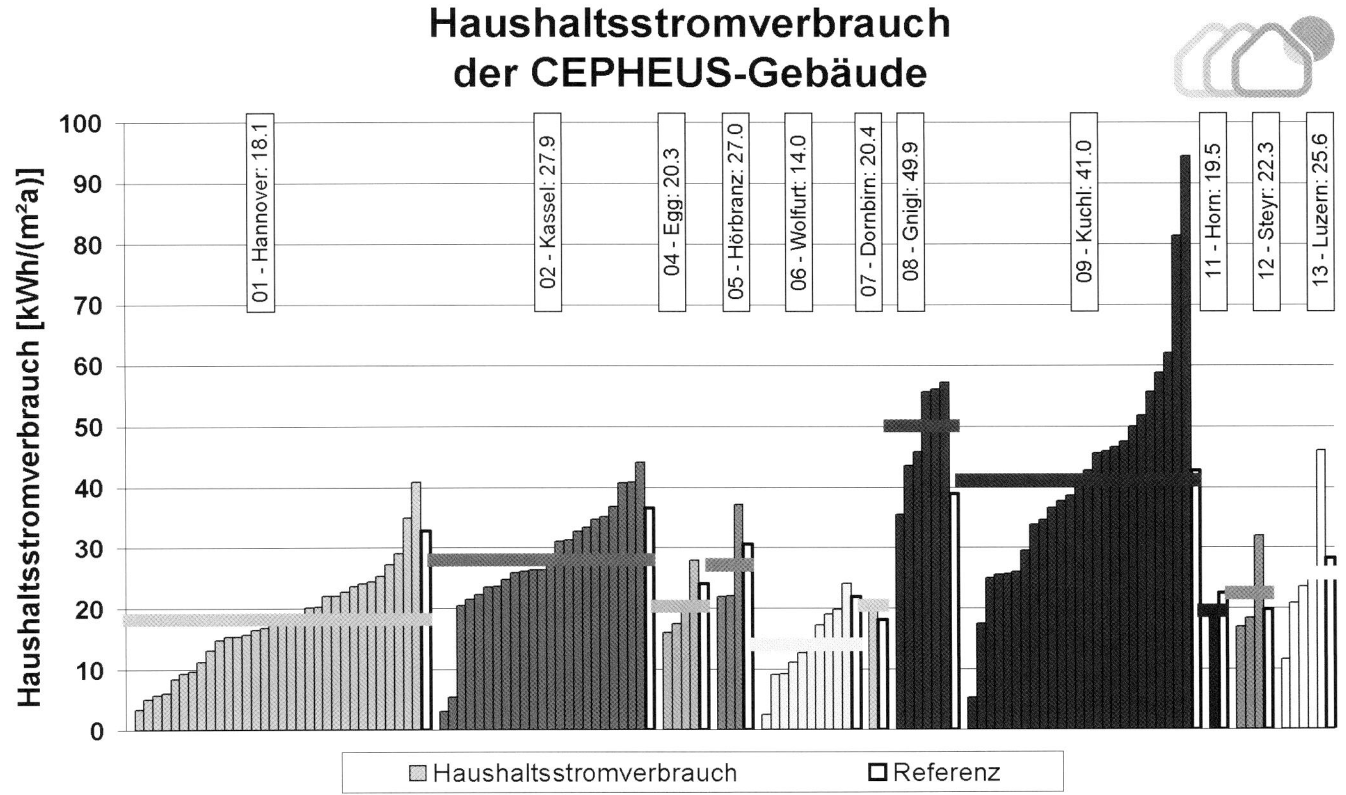

Das mögliche Einsparungspotenzial für Strom auch tatsächlich auszuschöpfen, erweist sich als der schwierigste Teil. Hier liegen die Maßnahmen am wenigsten in der Hand des Planers, es sei denn, die Wohneinheiten werden vor Vermietung oder Verkauf auch mit allen erforderlichen Elektrogeräten ausgestattet, sodass die Auswahl in der Hand der Experten liegt. Auch dabei sind eine willkürliche Nachrüstung oder vermeidbare Laufzeiten jederzeit möglich, die sich in der Energiebilanz entsprechend niederschlagen. Die Grafik zeigt die möglichen Spannbreiten in vergleichbaren Wohneinheiten.

reduce the energy required to 15 kWh/(m²a). Another factor was the replacement of fossil fuels with heat pumps with working revolutions over 3.5 or solar collectors. This helped reduce energy consumption further to 10 kWh/(m²a).

The final energy consumption gives an overview of the savings (page 16).

The amount of energy required in addition to that necessary for room heat (electricity for household appliances, warm water etc.) is minimized by the simultaneous use of efficient technology. The objective is to reduce the total final energy required for heating, warm water and household ap-

Grundlagen des Passivhauskonzeptes

Bei der Entwicklung des Konzeptes wurden zwei Grundsätze definiert, um die gesetzten Ziele zu erreichen.

Optimierung des ohnehin Erforderlichen

Die Gebäudehülle, die Fenster und die aus hygienischen Gründen sinnvolle automatische Lüftung werden so weit optimiert, dass auf ein herkömmliches Wärmeabgabesystem gänzlich verzichtet werden kann. Der verbleibende Heizwärmebedarf wird zusammen mit der hygienisch erforderlichen Frischluftmenge dem Raum zugeführt. Dadurch ergeben sich Einsparungen, die den Mehraufwand für die Effizienzverbesserung mitfinanzieren.

Verlustminimierung vor Gewinnmaximierung

Im Gebäude vorhandene Wärme wird möglichst konsequent am unkontrollierten Entweichen gehindert. Theoretische Modellrechnungen und praktische Erfahrungen mit zahlreichen Projekten haben gezeigt, dass eine solche Strategie unter mitteleuropäischen und vergleichbaren Klimabedingungen grundsätzlich effizienter ist als Strategien, die vorrangig auf die passive oder aktive Solarenergienutzung setzen. Die wesentlichen Verlustpositionen sind Transmissionsverluste durch die beheizte Gebäudehülle sowie ungewollte Lüftungsverluste durch undichte Bauteile bzw. Bauteilanschlüsse. Aus diesem Grund ist es unbedingt erforderlich, dass jedes Passivhaus zum geeigneten Zeitpunkt, auf jeden Fall aber vor Entlastung der verantwortlichen Firmen, auf Luftdichtigkeit überprüft wird. Der Luftwechsel im Sog- und im Druckversuch bei einem Druckunterschied von 50 Pa zwischen außen und innen darf 0,6 pro Stunde nicht überschreiten. Das bedeutet, dass bei der angelegten Druckdifferenz für einen kompletten Luftwechsel

pliances to a maximum of 42 kWh/(m²a). To actually execute on the possible electricity savings potential proved to the most difficult part. This is where the planner has the lowest degree of influence on the measures taken. Unless the residential units are furnished with all the necessary electric appliances before they are rented out. In this case experts make the choices. However, even then it can come to deliberate increases in the energy balance due to changes of equipment and long running times. The graph shows the possible range in comparable residential units.

Passive House Fundamentals

Two guiding principles were defined in developing the concept in order to achieve the goals that were delineated.

Optimizing the basic requirements

The building shell, the windows and the automatic ventilation for hygienic purposes were optimized to the point where there is no need for a conventional heat exhaust system. The remaining heat requirement is fed to the room with the hygienically required amount of fresh air. This leads to savings that help finance the additional investments in efficiency improvements.

Loss Minimizing before Profit Maximizing

The heat available in the building is kept from escaping uncontrollably as effectively as possible. Theoretical model calculations and practical experience with a number of projects have shown that such a strategy is fundamentally more efficient under central European or similar climatic conditions. It is more efficient than strategies that concentrate primarily on passive or active solar energy use. The key points of loss are transmission losses due to the heated building shell as well as ventilation losses due to poorly sealed components or component connections.

Mehrfamilienhaus Salzburg-Gnigl

Standort und Klima

Die Stadt Salzburg hat 145.000 Einwohner und ist die Landeshauptstadt des Bundeslandes Salzburg. Die Stadt liegt an der Bundesgrenze zu Deutschland, ca. 150 km südöstlich von München. Gnigl ist ein Stadtteil im Nordosten von Salzburg. Die Bundesstrasse nach Osten, Richtung Linz, durchzieht das Siedlungsgebiet. Südöstlich des Baugebietes liegt der Heuberg, der vor allem im Winter starke Verschattung bringt.

Die langjährigen mittleren Klimadaten weisen 8°C für die Außentemperatur, 3.890 Kd für die Heizgradtage und 2.945 Wh/(m²d) als mittlere tägliche Globalstrahlung auf horizontaler Fläche aus.

Baubeschreibung

Das hier präsentierte Passivhaus ist ein Mietwohnhaus mit 6 Wohneinheiten. Der Bauträger forderte typisch städtische Grundrisse, wie sie im sozialen Wohnbau gefragt sind. 4 der 6 Wohneinheiten sind als 2-Zimmerwohnungen mit jeweils 47 m² ausgeführt. Zwei dieser Wohnungen befinden sich im Erdgeschoss, zwei im Obergeschoss. In der Mitte sind zwei 3-Zimmer Maisonetten mit je 68 m² untergebracht. Diese Anordnung der Wohneinheiten ermöglichte eine sehr ökonomische und zur Gänze außen liegende Erschließung. Jede Wohneinheit verfügt über einen eigenen Eingang.

Der Bau befindet sich in einem Mischwohngebiet mit Einfamilienhäusern, Wohnblöcken und

Location and Climate

The City of Salzburg has 145,000 inhabitants and is the Capital of the Federal Province of Salzburg. The city lies close to the Federal Border to Germany, around 150 km south east of Munich. Gnigl is located in the northeastern part of Salzburg. The country road towards Linz intersects the housing area. The Heuberg Mountain lies to the south east of the building location and causes a high degree of shadow, especially during the winter.

The long term average climate data shows an outside temperature of 8°C, 3,890 Kd for the heating temperature days and 2,945 Wh/(m²d) as the average daily global radiation on horizontal surfaces.

Building Description

The passive house presented here is an apartment complex for rental purposes containing six residential units. The building contractor demanded typical city floorplans of the kind that are

kleinen Gewerbebetrieben an einer Ausfahrtsstraße im Nordosten von Salzburg. Aufgrund der starken Lärmbelästigung verlangt die gültige Norm für Fensterkonstruktionen einen Schalldämmwert von mindestens 43 dB. Der Baugrund liegt im Moorgebiet, daher musste unter dem Gebäude ein Bodenaustausch von im Mittel 3,5 m durchgeführt werden. Der notwendige Keller ist als wasserdichte Wanne ausgeführt.

Der Bau wird dreiseitig von einer hochwärmegedämmten, hinterlüfteten, zweischaligen Holzständerkonstruktion mit geringstmöglichen Fenster- u. Türöffnungen umschlossen. Die tragende Konstruktion ist aus Stahlbeton in Schottenbauweise ausgeführt.

Die komplette Öffnung nach Südwesten erfolgte

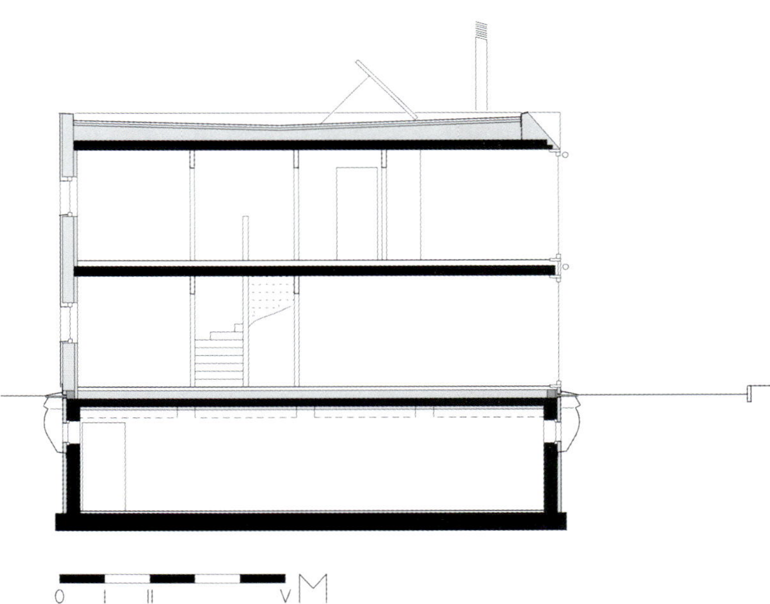

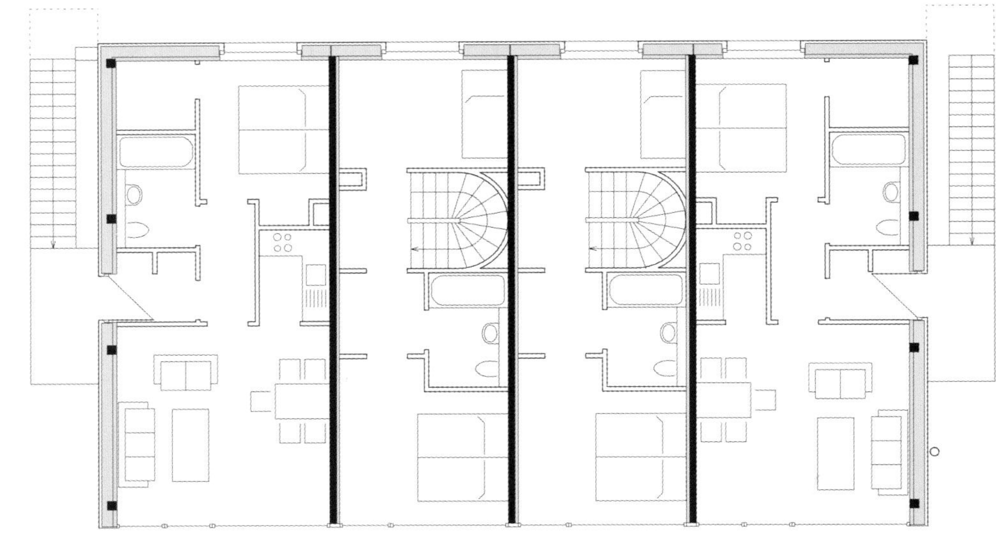

Obergeschoss/upper level

nicht aus ener-
gietechnischen
Gründen, son-
dern der Bauträ-
ger wollte trotz
der engen und
kleinen Grund-
risse eine ge
wisse räumliche
Großzügigkeit
erreichen. Die
Südfassade be-
steht daher aus
einer dreifach
Wärmeschutz-
verglasung in
einer Pfosten-
Riegel-Konstruk-
tion, das Flach-
dach ist eine Duo-
dachkonstruktion.
Insgesamt ist es sehr gut gelungen, ein energie-
technisch optimales Verhältnis zwischen Ober-
fläche und Volumen zu erreichen.
Ein Schwerpunkt der CEPHEUS-Projekte lag auf
der Entwicklung luftdichter Bauteilanschlüsse.
Am Projekt Gnigl lässt sich besonders gut zeigen,

popular in community housing. 4 of the 6 residential units were excecuted as 47 m² two room
apartments. Two of these apartments are on the
ground level and two are on the upper level. Two
68 m² three room apartments are located in the
middle. This sequence of residential units allows
for very econo-
mical outside
accessibility and
connections.
Every residential
unit disposes of
its own entrance.
The building is
located in a
mixed residen-
tial area, which
contains single-
family houses,
housing projects
and small busi-
nesses close to
an exit in the
northeastern
part of Salzburg.
Due to the pro-

Erdgeschoss/ground level

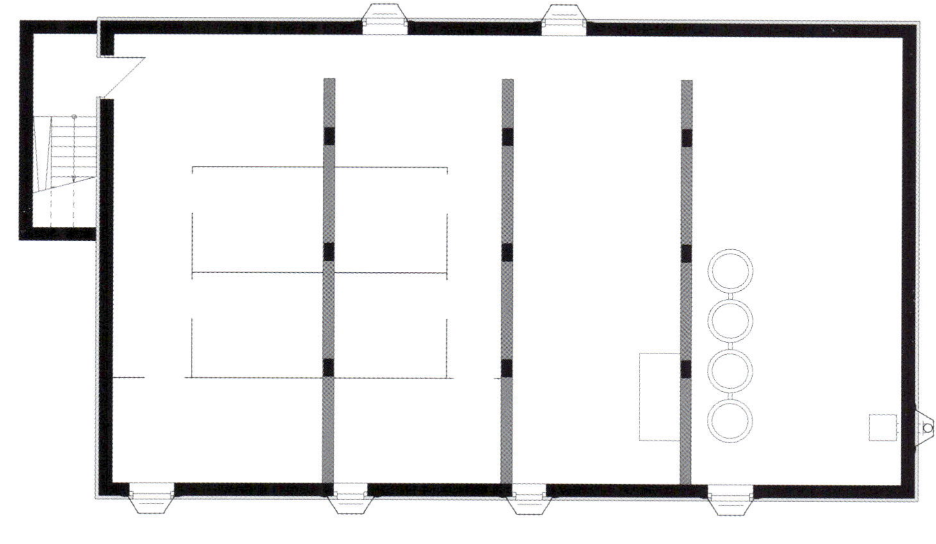

KELLERGESCHOSS/CELLAR LEVEL

The building is enclosed in a highly heat-insulated back-ventilated two-shell wooden structure with the least possible amount of window and door openings. The primary structure was completed with steel concrete employing a cross wall construction method.

The complete opening to the southwest was not due to energy technical reasons, but because the building contractor wanted achieve a certain spatial generosity. The southern facade therefore consists of a glass front featuring triple heat insulation and a post lock-bolt construction. The flat roof is a dual roof construction.

All in all, it was possible to achieve an ideal energy technical balance between the surface and volume.

A focal point of the CEPHEUS projects lay in the develop-

dass dieses Thema im Hinblick auf Luftdichtheit eine neue Herausforderung ist, die aber zu meistern ist:

Beim Anschluss des Sockels an das Fundament wurde die Schwelle innenseitig (durch die Vorsatzschale) und außenseitig gedämmt. Der Rand der Polyethylenfolie auf der Innenseite der vorgefertigten Wandelemente wurde verklebt und zusätzlich mit Leisten angepresst, die

Außenwand   U = 0,11 W/(m²K)

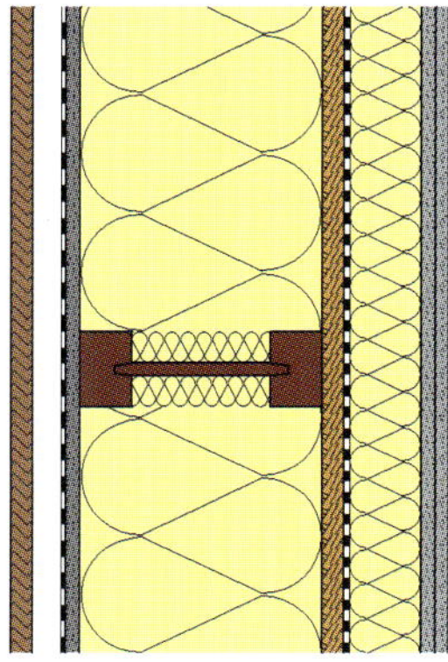

Außen / kalt	
Holzschalung	2,0 cm
Hinterlüftung	3,0 cm
TYVEK-Folie	-----
Gipsfaserplatte	1,25 cm
TJI / Mineralwolle	22,0 cm
OSB-Platte	1,9 cm
PE-Folie	-----
Mineralwolle	7,0 cm
Gipsfaserplatten	2x 1,25 cm
Innen / warm	

SÜDFASSADE VERTIKAL

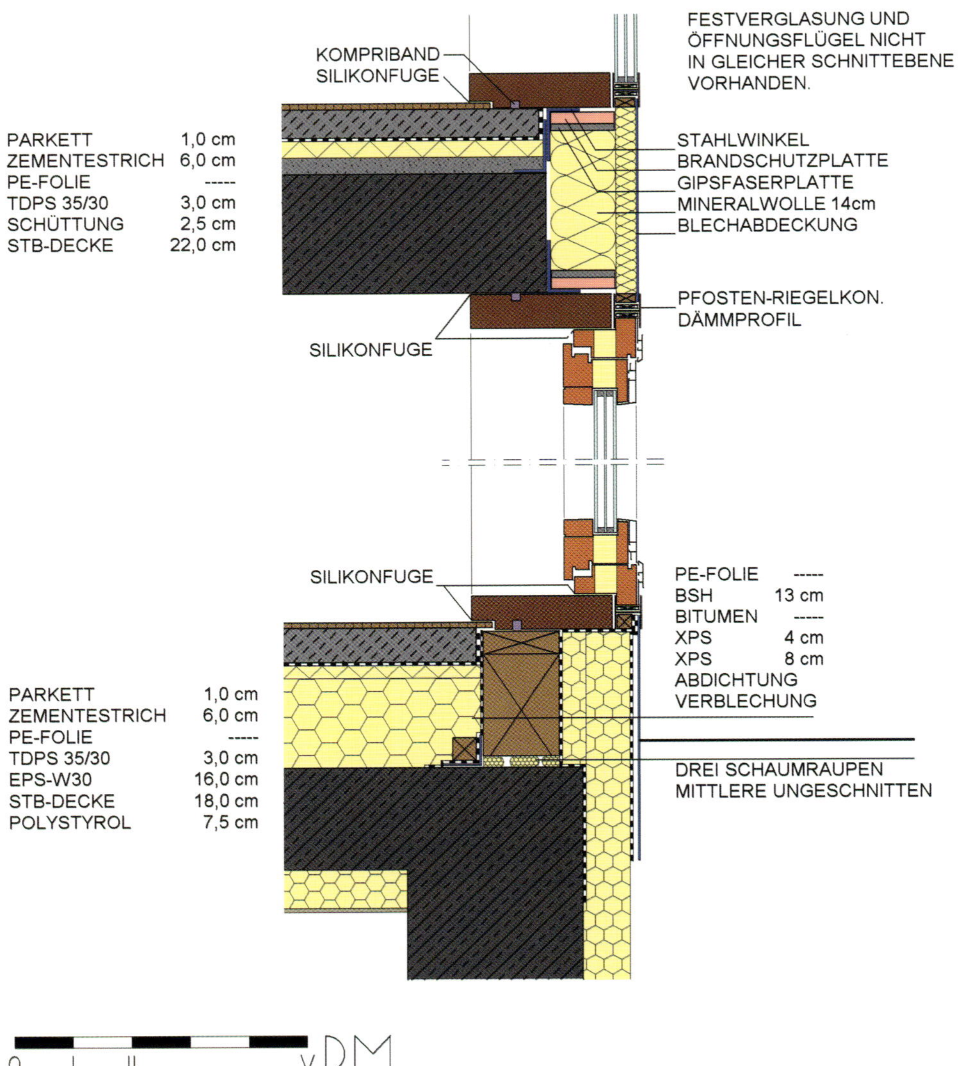

Vorsatzschale ist aus Schallschutzgründen mit Federbügeln befestigt.

Aus Brand- u. Schallschutzgründen war es notwendig, die Geschossdecke in die Installationsebene der Außenwand entsprechend einzubinden. Die Leichtbauelemente sind an der Stahlbetondecke mit Winkeln befestigt. Montagetoleranzen werden von einer 2 cm Fuge aufgenommen, diese wird zur Minderung des Luftschalls gedämmt. Die Luftdichtheit der

ment of air-tight building component connections. The Gnigl Project shows that the subject of air-tightness presents a new challenge that can be mastered:

The illustration shows the vertical cross-section of the south facade at the ground floor level. The principle of air-tightness that is guaranteed by the glass-fronted south facade is shown here. The joints between the wood elements and the steel concrete elements were sealed with com-

Außenwände wird durch eine Polyethylenfolie auf der Innenseite der vorgefertigten Holzelemente gewährleistet. Die Folie wird durch die vor Ort montierte Vorsatzschale vor Beschädigung geschützt. Die Folienenden werden mit der Geschossdecke verklebt und zusätzlich durch Leisten angepresst.

Der Schnitt durch die Außenwandecke zeigt den Anschluss der vorgefertigten Holzleichtbauelemente an die Stahlbetonstützen. Die Stützen sind innenseitig durch die innere Lage der Gipsfaserplatten abgedeckt und außenseitig etwa 15 cm überdämmt. Der Anschluss der Polyethylenfolie erfolgt durch Verklebung mit der Stütze und zusätzliche Anpressung durch Leisten.

SOCKEL

HOLZSCHALUNG	2,0 cm
HINTERLÜFTUNG	3,0 cm
TYVEK-FOLIE	-----
GIPSFASERPLATTE	1,25 cm
TJI / MINERALWOLLE	22,0 cm
OSB-PLATTE	1,9 cm
PE-FOLIE	-----
MINERALWOLLE	7,0 cm
GIPSFASERPLATTE	1,25 cm
GIPSFASERPLATTE	1,25 cm

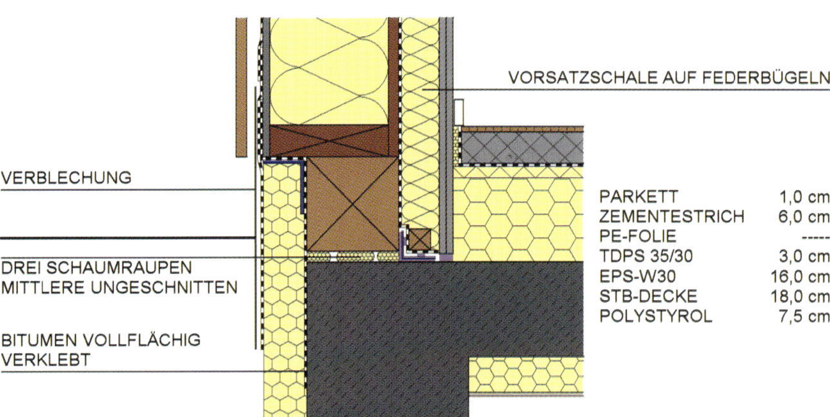

pression rings. The joints between the parquet and wooden structure, dust guards and wooden structure and between the wooden structure and the concrete steel components, were sealed with silicone. The wooden facade components on the ground floor were separated with fire resistant panels and gypsum fibreboards. (Fire Resistance Requirement: 90 minutes).

The connection of the socket to the foundation was insulated on the inside of the threshold, through the supplementary shell and on the outside. The edge of the polyethylene

AUSSENWAND DECKENANSCHLUSS

Der Anschluss der Polyethylenfolie an der obersten Geschossdecke erfolgt wie am Beispiel
Südfassade beschrieben. Zur
Verminderung des Wärmebrü-
ckeneffektes der an der Attika
hochgezogenen Dampfsperre
wird diese nur etwa 8 cm hoch-
gezogen und liegt damit im
gedämmten Bereich.

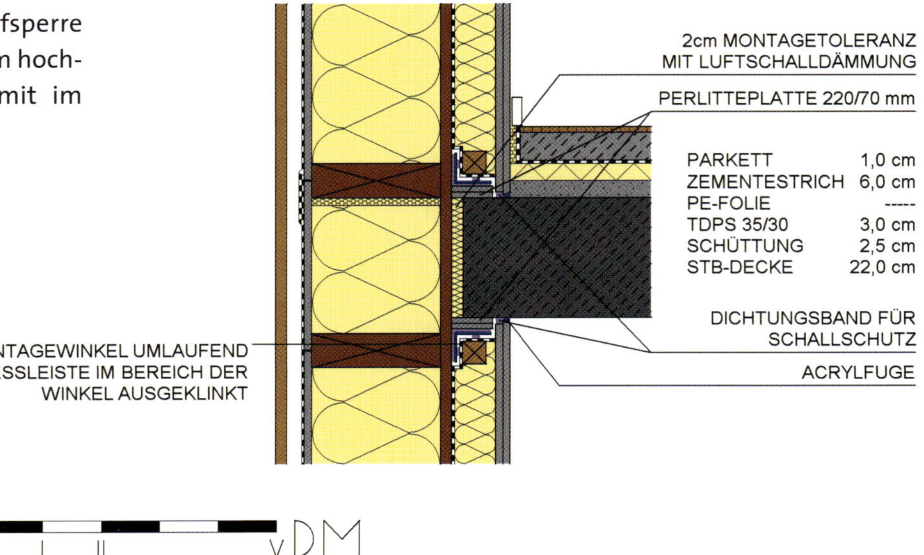

AUSSENWANDECKE

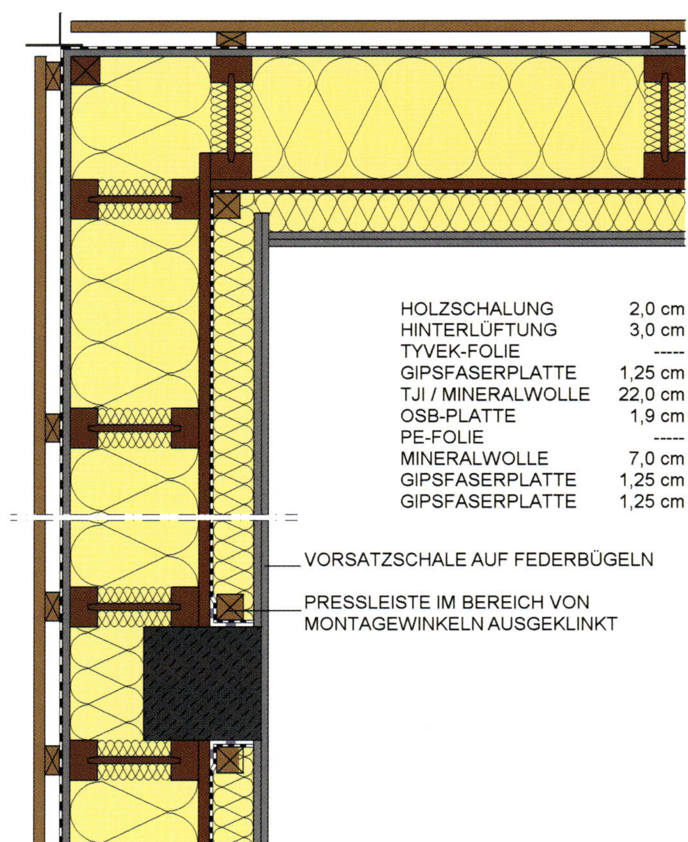

foil is fastened on the inside and additionally secured with strips. The supplementary
shell was mounted on absorption hooks for
sound proofing reasons.

It was necessary to integrate the floor/roof
with the installation level of the outer wall
for sound proofing reasons. The lightweight
elements are mounted on the steel concrete
roof at angles. Mounting tolerances are
absorbed by a 2 cm joint, which is insulated
in order to minimize air transmission. The
polyethylene foil on the side of the prefabricated wooden elements guarantees the air-
tightness of the exterior walls. The foil is in
turn protected by the supplementary shell,
which is mounted on-site. The ends of the
foil are glued to the floor ceiling and additionally fixed with strips.

The cross section of the outer wall layer
shows the connection of the prefabricated
light wood elements to the steel concrete
supports. The supports are covered with gypsum fibreboards on the inside and insulated

STANDARDATTIKA

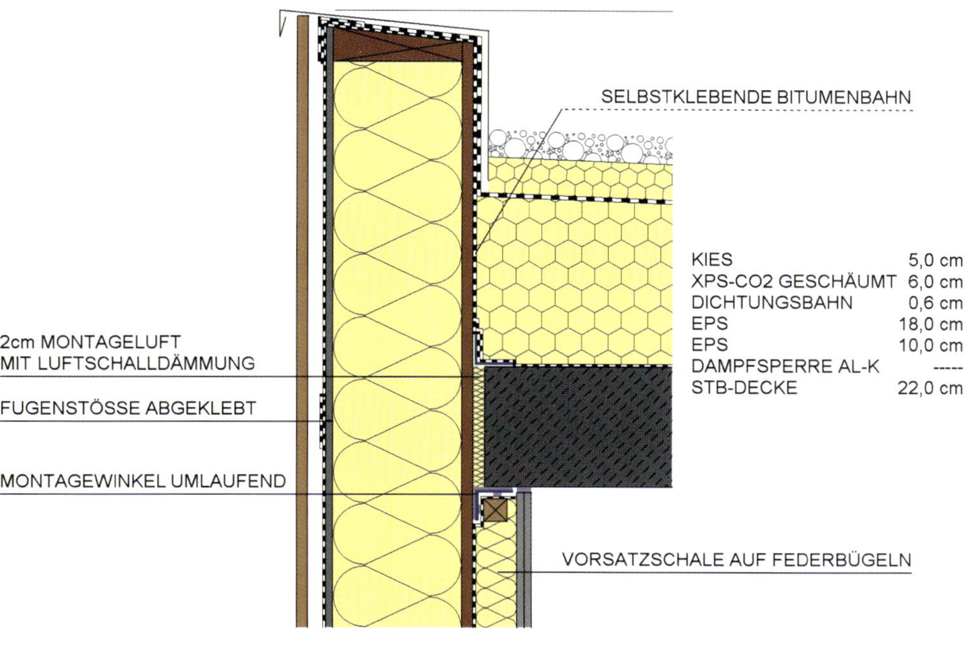

on the exterior with a 15 cm thick layer of insulation. The connection of the polyethylene foil to the support is achieved with additional fixing strips.

The connection of the polyethylene foil to

Die Abbildung des Lüftungsdurchbruchs zeigt die für das Projekt entwickelte Lösung für den Durchbruch der Lüftungsrohre durch das Dach: Diese wurden durch einen entsprechenden durchbohrten Schaumglasblock in der Ebene der Stahlbetondecke geführt und mit diesem verklebt. In der Ebene der oberseitigen Dachdämmung wurde mit Mineralwolle gedämmt.

Salzburg-Gnigl

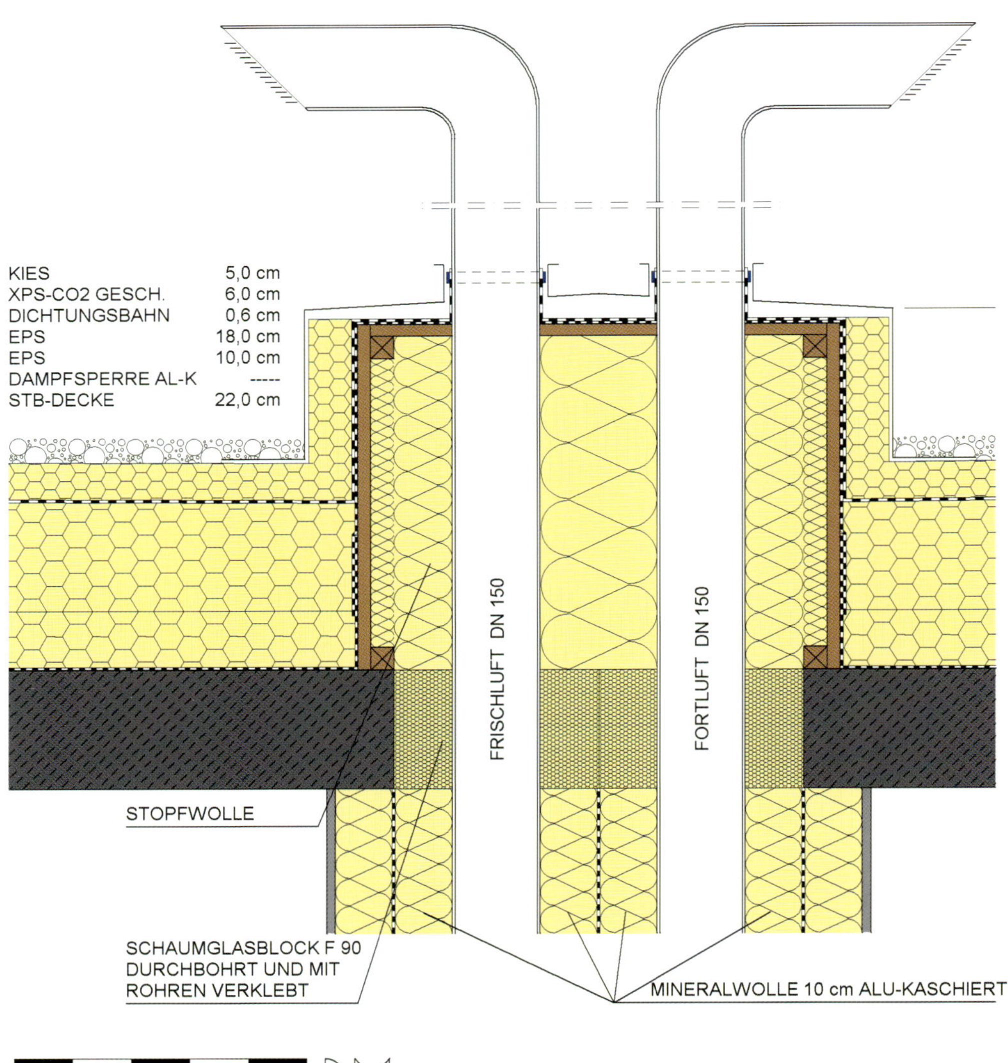

the uppermost floor ceiling is completed in the same manner as described for the south facade. The steam lock employed to minimize the thermal bridge effect was only raised to a height of around 8 cm, which leaves it within the insulated zone.

The depiction of the ventilation penetration shows the solution developed for the project with regards to the roof ventilation line unit: The

Lüftungskonzept

Jede Wohnung verfügt über ein eigenes autarkes Lüftungsgerät mit Gegenstromtauscher zur Wärmerückgewinnung, welches die Bewohner über eine Steuerung mit 3-Stufen-Schalter und Zeitschaltuhr bedienen können. Das Lüftungsgerät befindet sich im Flur und ist in der Zwischendecke platzsparend untergebracht. Über öffenbare Gerätedeckel können Filterwechsel und Revisionen durchgeführt werden. Außen- u. Fortluft werden direkt über das Dach oder die Außenwand angesaugt bzw. abgeblasen. Die Frostfreihaltung des Gegenstrom-Wärmetauschers wird über ein integriertes Glykolheizregister mit stufenlos gesteuertem Regelventil gewährleistet.

line was lead through a foam glass block with an opening at the level of the steel concrete roof and then glued to this surface. Mineral wool was used for insulation in the upper level roof insulation.

Ventilation Concept

Every apartment has its own autonomous ventilation device with a counter current exchanger that features heat recovery. The occupants can set this appliance via a three level switch and timer. The ventila-

Jede Wohnung ist in Zu-, Überström- und Ablufträume aufgeteilt. Wohn- und Schlafräume
erhalten Zuluft, während in Bad, WC und Küche
Luft abgesaugt wird. Die Flure und Treppenhäuser fungieren als Überströmzonen. Schleif-
türen mit definierten Spalten zwischen Boden
und Türplatten gewährleisten Strömungsge-
schwindigkeiten unter 2,5 m/sec.

Ursprünglich war eine zentrale Lüftungsanlage
mit Erdwärmetauscher gewünscht. Der Erdwärmetauscher konnte aus Platz- u. Kostengründen nicht realisiert werden. Die von der
Brandverhütungsstelle geforderten Auflagen
führten weiters zu einer Kostensteigerung für
ein zentrales Lüftungssystem. Um dann eine
dezentrale Lösung verwirklichen zu können,
wurde im Rahmen des Projektes eine eigene
Flachgerätegeneration unter Mitwirkung des
Forschungsförderungsfonds der Gewerblichen
Wirtschaft entwickelt. Die Geräte werden ab Juli
2001 in Serie hergestellt.

tion device is located in the hall and is placed in a
space saving position in the intermediate ceiling.
Filter changes and maintenance can be performed via the removable device covers. Air from
the outside and/or exhaust air are sucked in or
expelled directly though the roof or outer walls.
The integrated glycol-heating unit that features
an infinitely adjustable control valve insures
frost prevention for the counter current heat
exchanger.

Every apartment is divided into inflowing, upper
current and exhaust airflow rooms. The bed and
living rooms receive inflowing air while air is
expelled from the bathroom, toilet and kitchen.
The halls and stairwells all act as upper current
zones. Sliding doors are run with defined gaps
between the floor and door panels. This guarantees current speeds below 2.5 m/sec.

A central ventilation unit with a geothermal heat
exchanger was originally desired for this project.
The geothermal heat exchanger could not be used
due to space and cost considerations. The regula-
tions defined by the fire prevention authorities
lead to an additional cost increase
for a central ventilation system. A
separate generation of flat devices
was developed with the cooperation of the Commercial Business
Research Subsidy Fund in order to
realize a decentralized solution for
this project. Mass production of the
devices will start in July 2001.

Room Heating Supply and Warm Water

Heat is generated centrally with a
pellet-fed boiler in the cellar of the
house and a solar collector system. It
is stored in a modular storage
system containing a buffer supply of
2.460 liters of water. The pellet room
is around 13 m³ large. One filling
should last for around 2 years.

The 50° divergence from the southern direction and the strong shade
resulting from the mountain on the

Raumwärmeversorgung und Warmwasser

Die Wärme wird zentral über einen Pelletkessel im Keller des Hauses und eine Solaranlage erzeugt und in einer Modulspeicheranlage mit 2.460 Liter Wasserinhalt zwischengepuffert. Der Pelletlagerraum umfasst ca. 13 m³ Pellets, mit einer Füllung sollte das Auslangen für ca. 2 Jahre gefunden werden. Mit 50° Abweichung von der Südrichtung und einer starken Abschattung durch den ostseitigen Hausberg konnte die Solaranlage nur für sommerliche Warmwasserbereitung dimensioniert werden. Auf dem Flachdach wurde ein 20 m² Großflächenkollektor mit umweltfreundlicher hochselektiver Beschichtung (black cristal) installiert.

Besonderheiten

Zusätzlich zum energetischen Aspekt eines Passivhauses wurde eine Regenwassernutzungsanlage für WC-Spülungen und für die Gartenbewässerung installiert.

Für die Wohnungseingangstüren wurden standardmäßige Türblätter der Klimaklasse IV eingesetzt und mit zusätzlicher Mineralwolledämmung und einer äußeren Lärchenholzverkleidung versehen. Diese Konstruktion erreicht einen U-Wert von 0,4 W/(m²K).

Kosten

Die Bauwerkskosten: 1.965 Euro pro m² bzw. 107.496 Euro pro Wohneinheit

Beteiligte

Architekten:

Atelier 14: Mag. Arch. Baurat h.c Erich Wagner; Mag. Arch. DI (FH) M.A.S. Walter Scheicher

eastern side permit a solar collector system that only suffices for warm water preparation in the summer. A 20 m² large surface collector with an environmentally friendly and highly selective coating (black cristal) was mounted on the flat roof.

Special Features

In additional to the energetic aspects of a passive

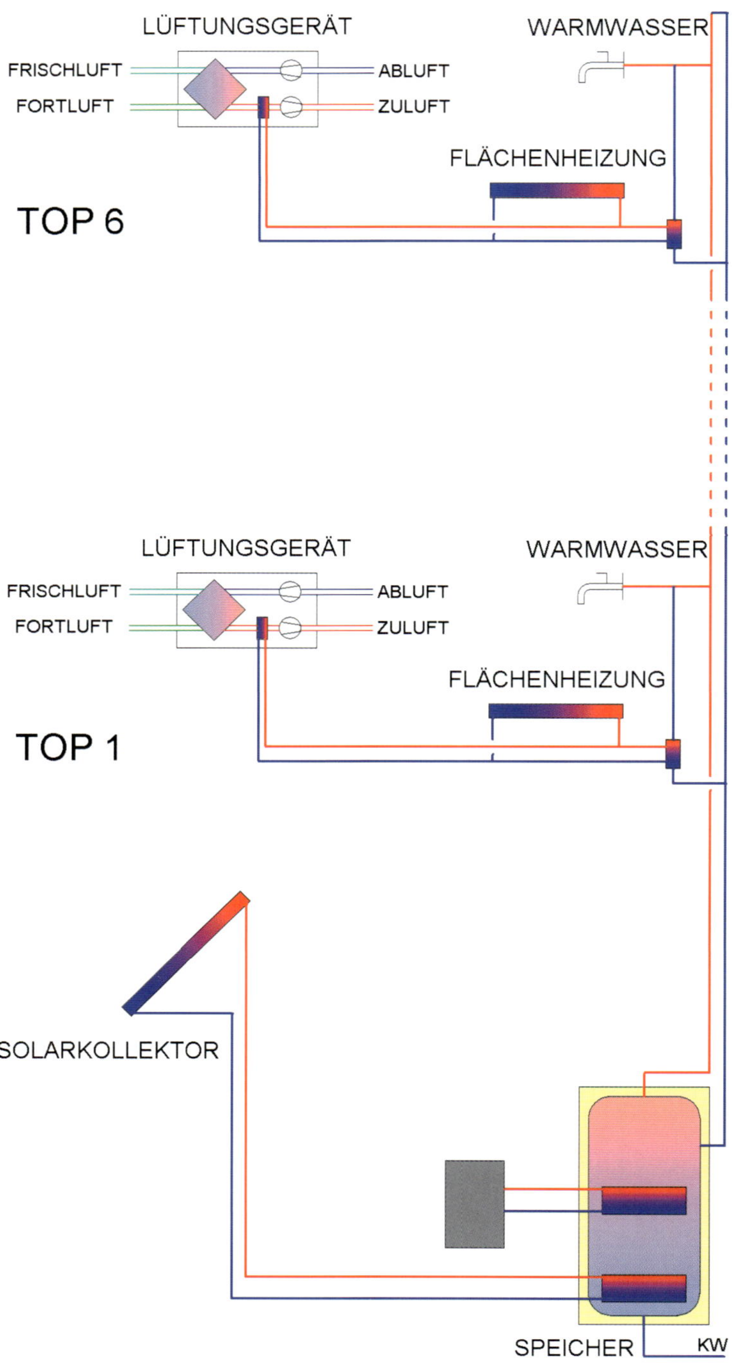

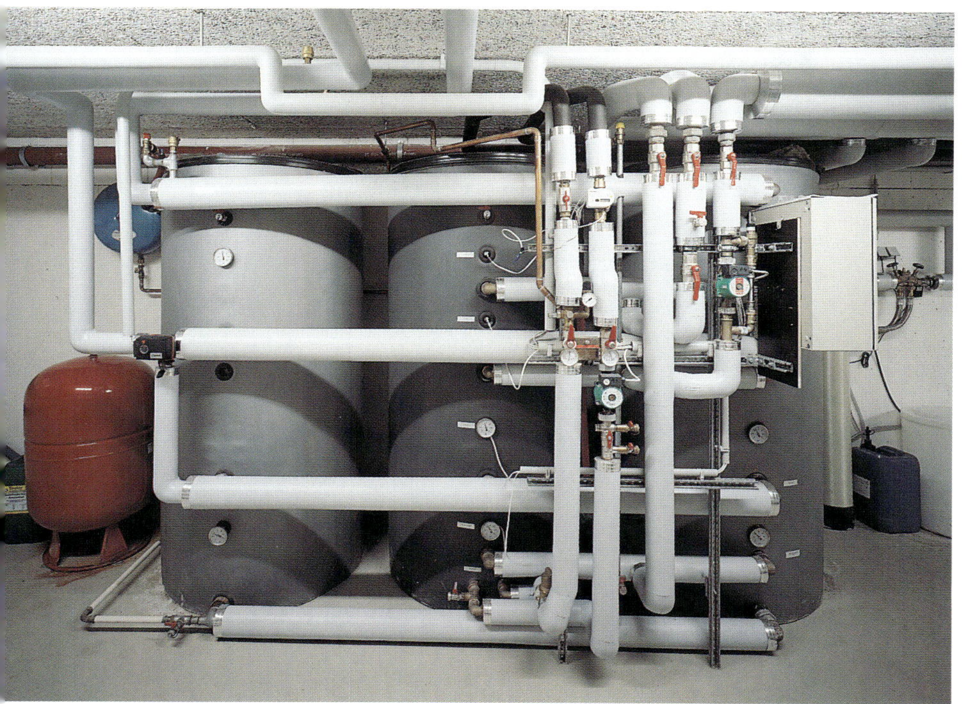

house, a rainwater procesing plant was instal-led for toilet flushing and garden irrigation purposes.

Standard Climate Class IV door panels were used for the apartment entryway doors. They were equipped with additional mineral wool insulation and an outer larch wood panel. This construction achieves an heat insolation rating of 0.4 W/(m²K).

Bauleitung und Baukoordination:
Heimat Österreich, Gemeinnützige Wohnungs- und Siedlungsgesellschaft mbH
Baumeister Alfred Heftberger

Heizung, Lüftung, Klima, Sanitär:
Büro Burggraf, DI Axel Burggraf, Salzburg
Fa. ECO-Energie, Mag. Walter Schöpf, Dornbirn

Bauphysik:
Energie und Bau Institut, Dr. Georg Stahl, Salzburg
A.B.O. Rosenheim GmbH, DI (FH) Udo Bergfeld, Brannenburg

Luftdruck-Test:
Bautechnische Versuchs- u. Forschungsanstalt Salzburg, Ing. Roider

Zeitlicher Rahmen

Planungsbeginn	Juni 1998
Baubeginn	Dezember 1999
Übergabe an die Mieter	29. 9.2000

Time Frame

Start of planning:	June 1998
Start of construction:	December 1999
Apartment move-in:	29. 9.2000

Costs

The building construction costs were: 1,965 Euro per m², or 107,496 Euro per residential unit

Participants

Architects:
Atelier 14: Mag. Arch. Baurat h.c Erich Wagner; Mag. Arch. DI (FH) M.A.S. Walter Scheicher

Construction supervision and Coordination:
Heimat Österreich, Gemeinnützige Wohnungs- und Siedlungsgesellschaft mbH, Baumeister Alfred Heftberger (Master Builder)

Heating and Ventilation,
Climate and hygienic facilities:
Büro Burggraf, DI Axel Burggraf, Salzburg
Fa. ECO-Energie, Mag. Walter Schöpf, Dornbirn

Building physics:
Energie und Bau Institut, Dr. Georg Stahl, Salzburg
A.B.O. Rosenheim GmbH, DI (FH) Udo Bergfeld, Brannenburg

Air pressure tests:
Bautechnische Versuchs- u. Forschungsanstalt Salzburg, Ing. Roider

Mehrfamilienhaus Wolfurt, Vorarlberg

Standort und Klima

Wer von der Landeshauptstadt Bregenz ins Landesinnere Vorarlbergs fährt, kommt nach wenigen Kilometern an Wolfurt vorbei. Am Ortsrand an den Abhängen des Bregenzerwaldes befindet sich das Grundstück. Es ist 2.700 m² groß, eher rechteckig und mit der breiteren Seite nach Südwesten orientiert.

Eine Bauherrengruppe aus 8 Familien hatte sich mit der Absicht zusammengefunden, gemeinsam eine kostengünstige Reihenhausanlage in Passivhausqualität zu bauen.

Auf der nordöstlich gelegenen Grundstücksgrenze stehen ca. 18 bis 25 Meter hohe Tannen- und Laubbäume. Für diese Situation und für die Vorstellungen der Errichtergemeinschaft hielt der Architekt eine Alternative zum klassischen additiven Reihenhauskonzept für die adäquate Lösung.

Architekt Zweier plante daher zwei kompakte Gebäude, die bei vergleichbarer Wohnqualität in der baulichen Umsetzung der Passivhauskriterien einen größeren Spielraum in städtebaulicher und gestalterischer Hinsicht ermöglichten und vor allem kostengünstiger als Reihenhäuser errichtet werden konnten. Das wesentliche Gestaltungselement der umgebenden Bebauung mit großen Einfamilienhäusern und durchfließenden Freiräumen und Durchblicken konnte dadurch erhalten und die bestehende Bebauungsstruktur weitergeführt werden.

Baubeschreibung

Ziel des Architekten war es, mehrere Wünsche der Bauleute zu erfüllen:

◊ großer eigener Garten
◊ Teilbarkeit des Grundrisses
◊ viel Licht
◊ Passivhausqualität

In 2 gleichen Baukörpern sind je 4 Wohneinheiten mit 130 m² und 1 Atelier mit 65 m² untergebracht. Der neutrale, rechteckige Grundriss lässt eine freie Einteilung nach individuellen Bedürfnissen zu. Den zweigeschossigen Einheiten ist jeweils ein großer Garten zugeordnet, den Wohnungen im Dachgeschoss eine große Terrasse.

Das mittige, allgemein zugängliche Stiegenhaus und die damit gewährleistete Zugänglichkeit in jedem Geschoss ermöglicht eine hohe Flexibilität in der Nutzung. Dadurch können die 130 m²-Einheiten in z.B. 2 x 65 m²-Einheiten geteilt werden. Es sind auch unterschiedliche Raumnutzungen (z.B. Büro etc) denk- und machbar.

MULTI-FAMILY HOUSE WOLFURT, VORARLBERG

Location and Climate

Anyone who leaves the Provincial Capital of Bregenz and drives into the heart of Vorarlberg will pass by Wolfurt after a few kilometers. The location is on the slopes of the Bregenz Forest at the edge of town. It is 2,700 m² large and nearly rectangular in shape, with the wider side facing Southwest.

A group of construction contractors consisting of eight families came together with the intention of building an inexpensive passive house quality terraced housing project.

There are tall pine and deciduous trees approx. 18 to 25 meters high on the north eastern border of the land. Architect Gerhard Zweier considered an alternative to classical additive terraced housing architecture an adequate solution for this situation in order to address the ideas of the construction contractors.

Therefore, Zweier planned two compact buildings, which while offering comparable living quality and structural implementation methods, also offer a greater degree of flexibility with regards to urban construction and design. Most of all, they can be built more cost-efficiently as terraced houses. This made it possible to make the primary design element of the surrounding construction with large single-family houses featuring free spaces and views constant throughout the project.

Building Description

The goal of the architect was to satisfy the wishes of the contractors:

◊ Large own garden
◊ Dividable floor plans
◊ Ample amounts of light
◊ Passive House Quality

Four 130 m² living units and one 65 m² studio are contained in two identical buildings. The neutral, rectangular

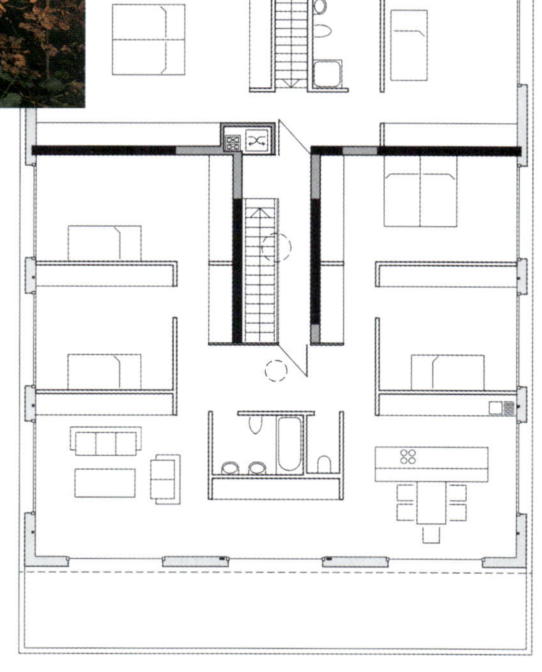

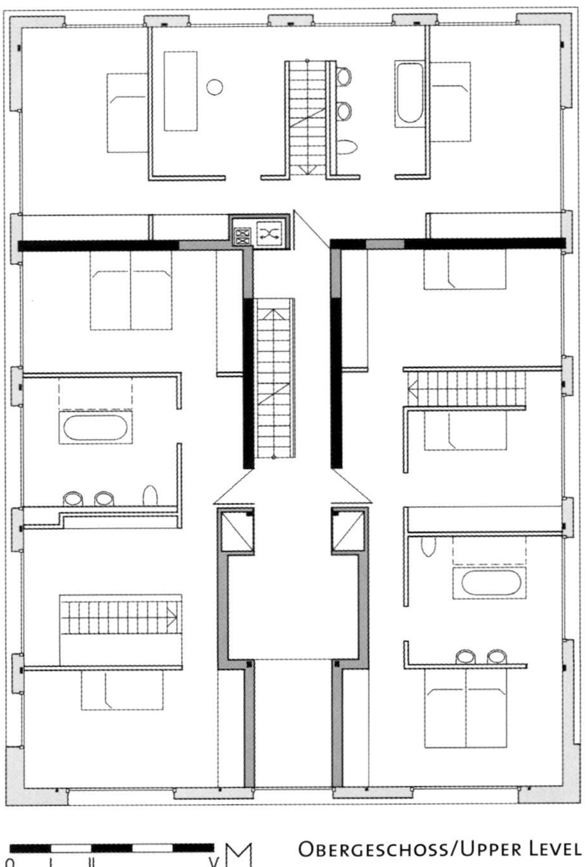

Obergeschoss/Upper Level

Die Kompaktheit der Baukörper ermöglicht ein Verlust minimierendes Konzept mit einem hohen Fensteröffnungsanteil von ca. 40 %. Weil vor allem Tageslicht- und Ausblickqualität für alle Wohneinheiten im gleichen Maße ermöglicht werden sollte, sind die Fensterflächen unabhängig von der Orientierung entsprechend angeordnet worden.

Dieses kostengünstige Baukonzept ermöglicht damit innerhalb des gesetzten Budgets eine volle Unterkellerung der Gebäude mit dem Angebot gemeinsam nutzbarer Kellerräume und der Errichtung einer Tiefgarage mit 14 Stellplätzen. Dadurch wurde die Freiraumqualität höher, und zusätzliche Freiflächen für einen Kinderspielplatz, einen großzügigen Fahrradabstellbereich und Gästestellplätze konnten errichtet werden, ohne die individuellen Gartenflächen zu verkleinern.

Die Tragkonstruktion besteht aus massiven Stahlbetondecken auf Stahlstützen und aussteifenden Betonscheiben. Die Außenwände bestehen aus vorgefertigten Holzelementen mit

floor plan allows for free distribution that can be fine-tuned to meet individual requirements. The two story units have their own corresponding large gardens and the top floor apartments each have a corresponding large terrace.

The central stairwell, which is accessible from all sides makes access to every floor possible, allowing for a high degree of flexibility in use. Therefore, the 130 m² units can be divided into two 65 m² units, for example. Different uses of space (e.g. office etc.) are feasible and can be executed.

The compactness of the structural body allows for loss-minimizing concept with a large amount of window openings amounting to approx. 40 percent. Since the day light and view quality was intended to be equal among all living units, the window surfaces can be aligned without regard for the orientation.

This construction concept therefore permits full cellar construction in the buildings offering common cellar rooms. It also makes the construction of an underground garage with 14 parking spaces possible. This increased the quality of free spaces and created additional free space for a playground, a generous bicycle storage room and

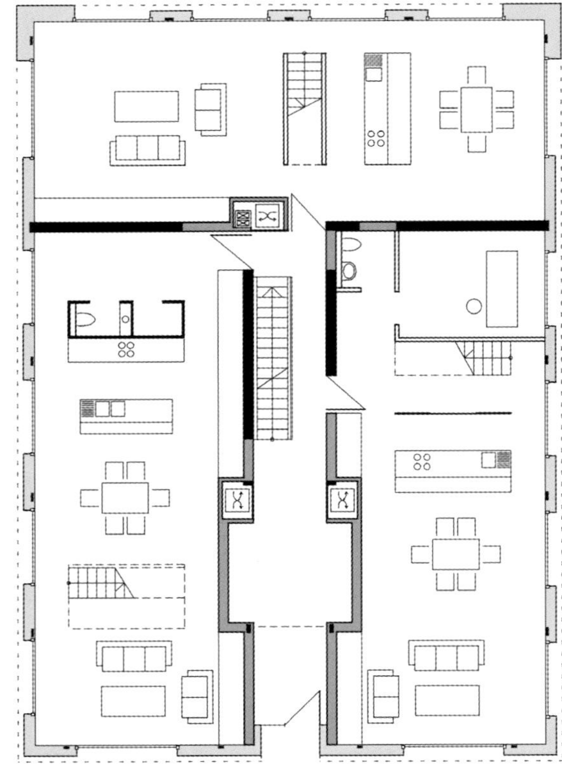

Erdgeschoss/Ground Level

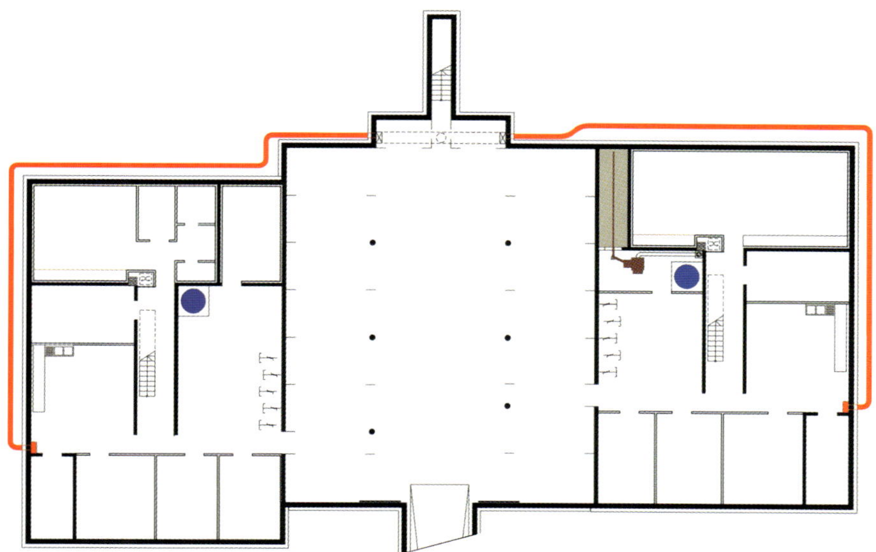

Kellergeschoss/Cellar Level

innenseitiger Gipskartonvorsatzschale. Die Innenwände sind bis auf eine Wohneinheit aus Gipskarton. In dieser einen Wohneinheit wurden die Innenwände in Eigenleistung aus Lehmputz auf Schilfmatten und Holzunterkonstruktion errichtet.

Weitere bauökologische Maßnahmen, die von der Errichtergemeinschaft in Abwägung der Einhaltung des Kostenrahmens beschlossen wurden, sind:

◇ massive Holzfußböden in allen Räumen, in einigen Wohnungen zusätzlich in „Mondholz"-Qualität
◇ Wandfarben aus Naturharzdispersion
◇ unbehandelte Lärchenholzverschalung an der Außenfassade
◇ Douglasfichtenholzfenster, tauchimprägniert
◇ unbehandelte Lärchenholzlattenroste auf allen Terrassen, in einigen Fällen zusätzlich in „Mondholz"-Qualität

Passivhaustypisch ist die hochwärmegedämmte, wärmebrückenarme und luftdichte Passivhaushülle.

Die Außenwand zeigt zwei unterschiedlich dicke Wandaufbauten. Das hat den Grund darin, dass die Architektur auf die unterschiedliche Nutzung der übereinander liegenden Räume und die damit verbundene unterschiedliche Breite der Fenster reagiert. Architektonisch äußert sich das in einer mäanderförmigen Strukturierung der Fassade .

Einen Sonderfall stellen die beiden Dachgeschosswohneinheiten dar. Die Baubehörde

guest parking spaces without reducing the size of the individual garden surfaces.

The supporting structure consists of massive steel concrete slabs on steel supports and stiffening concrete sheets. The outer walls are made of prefabricated wooden elements with an interior gypsum-plasterboard face layer. The inside walls are of gypsum plasterboard, except for one living unit. The inside walls in one unit were finished with loam plaster layered over reed mats and a wooden substructure.

Dach   U = 0,09 W/(m²K)

Außen / kalt

Kiesabdeckung	5,0 cm
Bitumenabdichtung	2x 0,5 cm
EPS (expandiertes Polystyrol)	40,0 cm
Dampfbremse	-----
STB-Decke im Gefälle	24,0 cm
Gipsputz	0,5 cm

Innen / kalt

Kellerdecke   U = 0,10 W/(m²K)

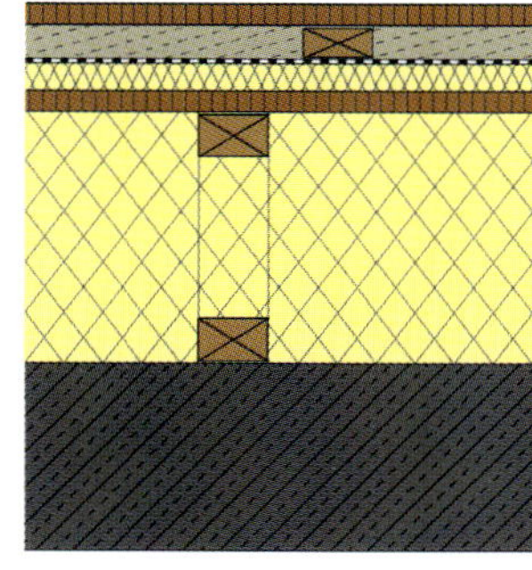

Innen / warm

Lärchenriemenboden	2,5 cm
Holzwolle-Leichtbau-Platte	4,0 cm
zw. Polsterholz	4/8
Dampfbremse	-----
Mineralfaserplatte	3,5 cm
Blindboden	2,5 cm
Zellulose / Unterkonstruktion	30,0 cm
Stahlbetondecke	22,0 cm

Keller / unbeheizt

Nichttragende Wohnungstrennwand   U = 0,37 W/(m²K)

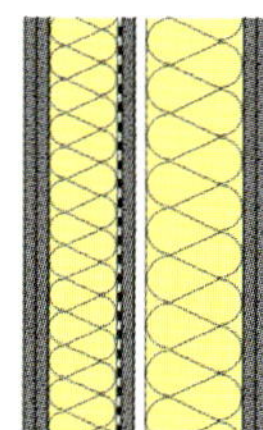

Innen / warm

Gipskartonplatten	2x 1,25 cm
Steinwolle zw. Alu C-Profilen	7,5 cm
Dampfbremse	-----
Gipskartonplatte	1,25 cm
Abstand zum Schallschutz	1,25 cm
Steinwolle zw. Alu C-Profilen	10,0 cm
Gipskartonplatten	2x 1,25 cm

Treppenhaus / unbeheizt oder Innen / warm

verlangte eine Zurücksetzung um mindestens 1,5 Meter. Dadurch musste die Terrasse über dem 1. Obergeschoss als begehbares Dach ausgebildet werden. Das hätte üblicherweise zur Folge, dass die Terrasse um ca. 30 cm höher liegt als der Fußboden der Innenräume.

Als erste Variante wurde untersucht, die Decke zwischen 1. OG und Terrasse als gedämmte Holzdecke auszubilden. Diese Variante wurde schalltechnisch vom Bauphysiker geprüft und wegen deutlich verminderter Qualität des Schallschutzes nicht ausgeführt.

Die ausgeführte Variante ist der Einsatz einer Vakuumdämmung. Bei gleicher Dicke ist die Dämmwirkung ein Vielfaches einer konventionellen Dämmung. Die Platten müssen jedoch maßgefertigt mit allen notwendigen Ausnehmungen für die Terrassenentwässerung etc. angeliefert und eingebaut werden. Die wärmetechnisch optimierte Lösung mit kreuzweiser Verlegung zur Reduzierung der Wärmebrücken an den Plattenstößen wurde aus Platz- und Kostengründen nicht ausgeführt.

Die Erfahrungen mit dem Einbau der Vakuumdämmplatten zeigen ein hohes Maß an Verbesserungspotenzial bei Transport und Lieferung: Viele Vakuumdämmplatten kamen beschädigt bei der ersten Lieferung an. Es benötigte eine weitere Lieferung, bis alle Platten unbeschädigt und voll funktionsfähig eingebaut waren.

Lüftungskonzept und Raumwärmeversorgung

Von der Heizung und der Lüftung ist im Raum so gut wie nichts sichtbar. Die Lüftungsrohre sind entweder in die abgehängte Decke der Flure oder in die Decken der Wohnräume eingelegt. Einzige Erinnerung an den alten Radiator findet man im Badezimmer. Darauf wollten die Bewohner nicht verzichten. Hauptvorteil eines Heizkörpers im Badezimmer ist die Möglichkeit, tropfnasse Hand-

Außenwand 1   U = 0,12 W/(m²K)

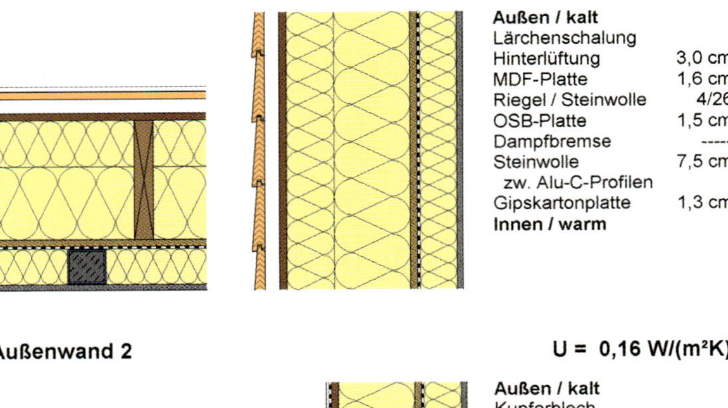

Außenwand 2   U = 0,16 W/(m²K)

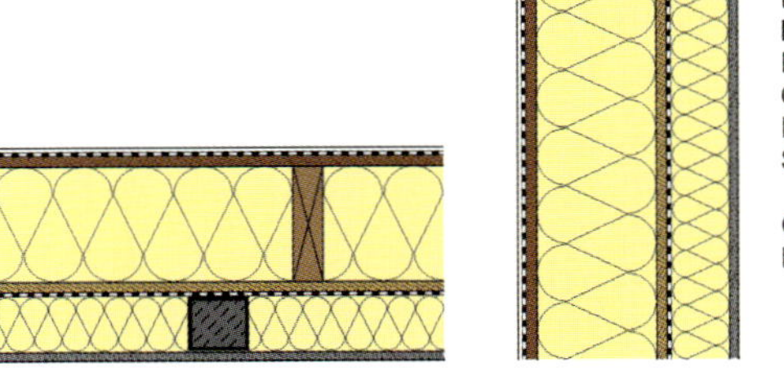

Additional ecological construction measures that were decided on by the contracting group with regards to remaining within the budget are:

◇ Solid wooden floors in all rooms, some apartments also feature a „Mondholz" (Moon Wood) quality finish
◇ Natural resin water-based wall paint colors
◇ Untreated larch wood shell layers on the outer facade
◇ Douglas Spruce wood windows, featuring immersion water proofing
◇ Untreated larch wood slat grids on all terraces, additionally featuring a „Mondholz" (Moon Wood) quality finish.

The high heat insulation with minimal thermal bridge formation and sealed passive house shell are typical of passive houses.

The outer wall displays two wall constructions of differing width. The reason for this is the fact that the architecture reacts to varying uses of the rooms located over each other and therefore also reacts to the varying width of the windows. Architecturally, this manifests itself in the meander-shaped structuring of the facade.

The two top floor living units represent a special case. The construction authorities demanded a reduction of at least 1.5 meters. Therefore, the terrace over the 1st floor had to be constructed as a

DACHANSCHLUSS

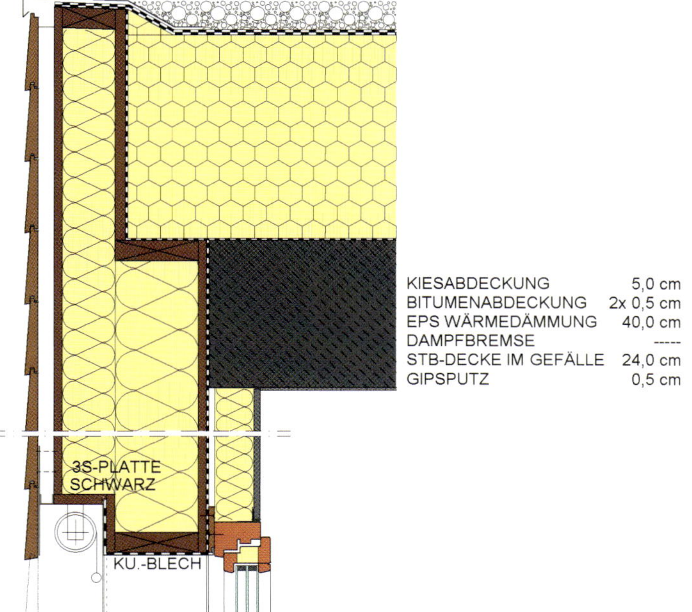

walk-in roof. The result of this is that the terrace lies about 30 cm higher than the floor of the inner rooms.

The first variant that was researched was the possibility of building the ceiling between the 1st floor and the terrace as an insulated wooden ceiling. This possibility was examined for soundproofing by the construction physicist and not executed due to the clearly diminished quality of the soundproofing properties.

The variant that was implemented was the use of vacuum insulation. Finished in the same thickness, it offers many times the insulating effect of conventional insulation. However, the panels have to be delivered custom-made with all indentations for the terrace drainage etc. and built in. The optimal heat technical

tücher und schneenasse Kleidung rasch zu trocknen. Der Komfort ließe sich auch energieeffizient mit elektrisch erzeugter Infrarotwärme herstellen.

Alle Wohnungen verfügen über ein eigenes Lüftungsgerät. Die Geräte sind vor den Wohnungen im Treppenhaus in Nischen gestellt (siehe Grundrisse). Die ohnedies geringen Schallemissionen der Geräte sind damit außerhalb der Wohnung, Wartungsarbeiten können jederzeit stattfinden. Auch der Filterwechsel wird hier durchgeführt. Die Aufforderung dazu erfolgt durch das handtellergroße Bediengerät im Wohnzimmer. Ein rotes Licht blinkt, und der Text: „Filter wechseln" wird angezeigt. Tür auf, Klappe auf, alter Filter raus, neuer Filter rein. Klappe zu, Tür zu. Das ist alles, was der Bewohner zwei- bis dreimal im Jahr tun muss.

Die Luft- und Wärmeverteilung zu den einzelnen Räumen erfolgt passivhaustypisch: Die Wohn-, Ess-, Arbeits-

VERTIKAL FENSTERTÜR

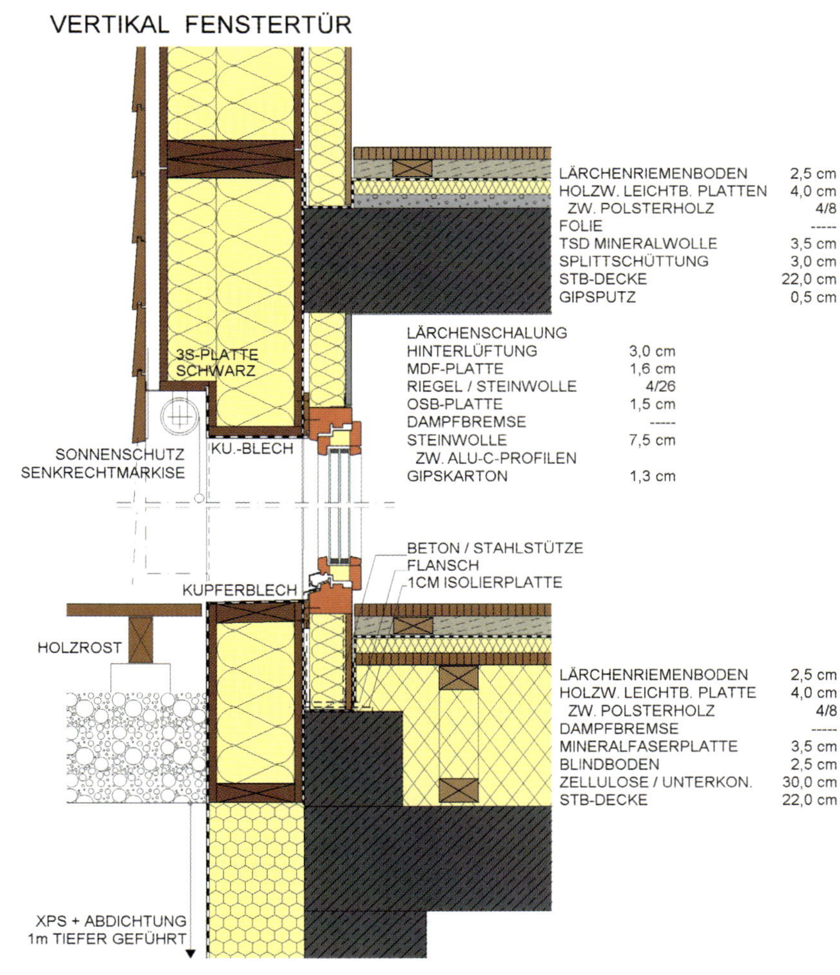

und Schlafräume sind Zulufträume. In der Regel sind die Luftauslässe über der Zimmertüre platziert. In einigen Fällen wurden die Luftauslässe in die Decke eingelegt. Die Gänge und Treppenräume sind Überströmzonen, d.h. die Luft strömt über die üblichen Schlitze zwischen Fußboden und Türblatt vom Zimmer in den Flur. Badezimmer, Toilette, Küche sind die Ablufträume. Hier befinden sich die Abluftventile.

Woher kommt die Luft? Die Außenluft wird über einen zentralen „Frischluftbrunnen" im Gartenbereich eingeholt. Die Frischluftfilter sind leicht zugänglich im Bereich der Treppe zum Garten platziert. Von dort wird die Frischluft in zwei übereinander liegende Erdreichwärmeüberträger um das Haus geführt. Danach verzweigen sich die gedämmten Frischluftkanäle zu den drei Installationsschächten, die zu den Lüftungsgeräten führen.

Dem Grundgedanken des Passivhauskonzeptes folgend wurde ein Lüftungsgerät mit den besten Eigenschaften hinsichtlich Schalldämmung, Stromverbrauch, Wartungsfreundlichkeit und einfacher Bedienung eingesetzt.

solution of fitting them in a cross pattern in order to reduce thermal bridges had to be abandoned due space and cost reasons.

The experience with the installation of the vacuum insulation panels shows a high degree of potential for improvement in terms of transport and delivery: Many vacuum insulation panels arrived damaged in the first delivery. Another delivery was necessary until all panels were undamaged and could be built in with full functionality.

Ventilation concept and heat supply

More or less nothing is visible of the heating and ventilation in the room. The ventilation pipes are either suspended from the roof or the floors or imbedded in the ceiling. The only reminder of the a radiator can be found in the bathroom, the residents did not want to do without it. The main advantage of a heating element in the bathroom is the possibility of drying dripping wet towels and clothing that is damp from the snow quickly. This comfort could also be achieved by electrically generated infrared heat.

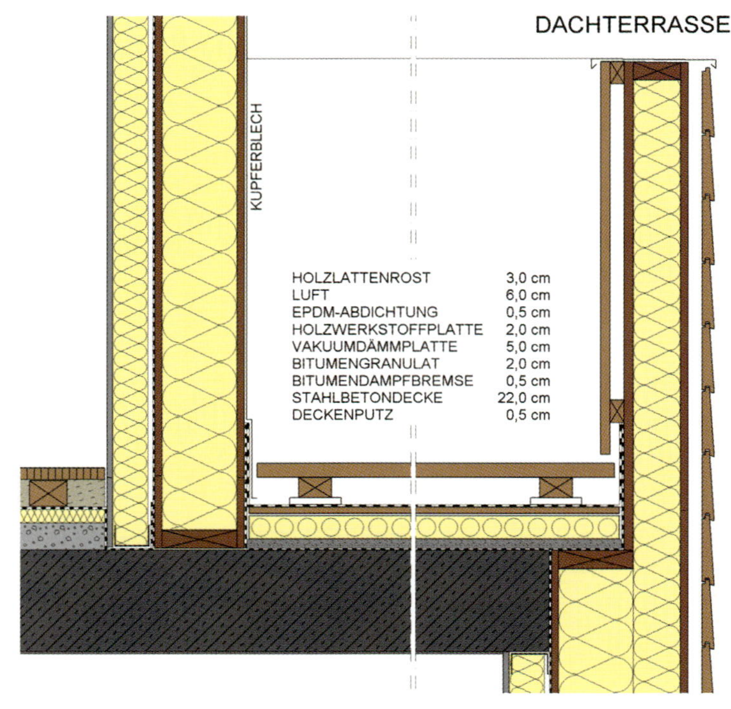

Woher kommt die Wärme? Sie kommt im solaren Doppelpack: Holz und Sonnenkollektor beliefern das Lüftungsgerät mit Wärme. Das Lüftungsgerät hätte – ausgestattet mit einer Wärmepumpe – auch die gesamte Wärmeerzeugung für Raumwärme und warmes Wasser übernehmen können, siehe CEPHEUS-Passivhaus Hörbranz, CEPHEUS-Passivhaus Dornbirn und mittlerweile Hunderte weitere Passivhäuser. Die Errichter wollten es genau wissen: Auf Basis einer Parameterstudie hinsichtlich Investitionskosten, Betriebskosten und Primärenergieverbrauch entschieden sich die ErrichterInnen erstaunlicherweise für die teuerste Variante – dezentrale Lüftungsgeräte mit Nachheizregister, einen zentralen Wärmeerzeuger mit Pellets als Energieträger und Sonnenkollektoren hauptsächlich für das warme Wasser. Holz war den meisten sympathischer als die beiden anderen in Frage kommenden Energieträger für die Wärmeerzeugung: Strom und Gas. Der Pellets-Heizkessel, klein wie für ein Einfamilienhaus, ist in einem kleinen Heizraum eines der beiden Häuser untergebracht. Er schickt die Wärme in einen Pufferspeicher mit 2.500 Liter. Davon gibt es je einen pro Haus. Diese Pufferspeicher sind gleichzeitig Speicher für die solarthermisch erzeugte Wärme. Die wird von 31 m² Sonnenkollektoren geliefert, die es auf jedem der beiden Dächer gibt. Wie die Ergebnisse der messtechnischen Untersuchungen zeigten, ist zwar der Primärenergieverbrauch tatsächlich sehr gering, die Energieeffizienz ist jedoch nicht so gut wie erhofft. Die Ursache ist wie üblich Ausführungsmängel und Mängel bei der Bauüberwachung. Um 100 % Nutzwärme zu liefern, müssen

More can be read on the subject at the beginning of the book.

All apartments dispose of their own ventilation device. The devices have been set up in niches in the stairwell. The already minor sound emission of the devices is therefore outside of the apartment. Maintenance can be performed at any time. The filter exchange can also be executed here. This is prompted by a dessert-plate sized control terminal in the living room. A red light starts blinking and the „exchange filter" text is displayed. Open the flap, remove the old filter,

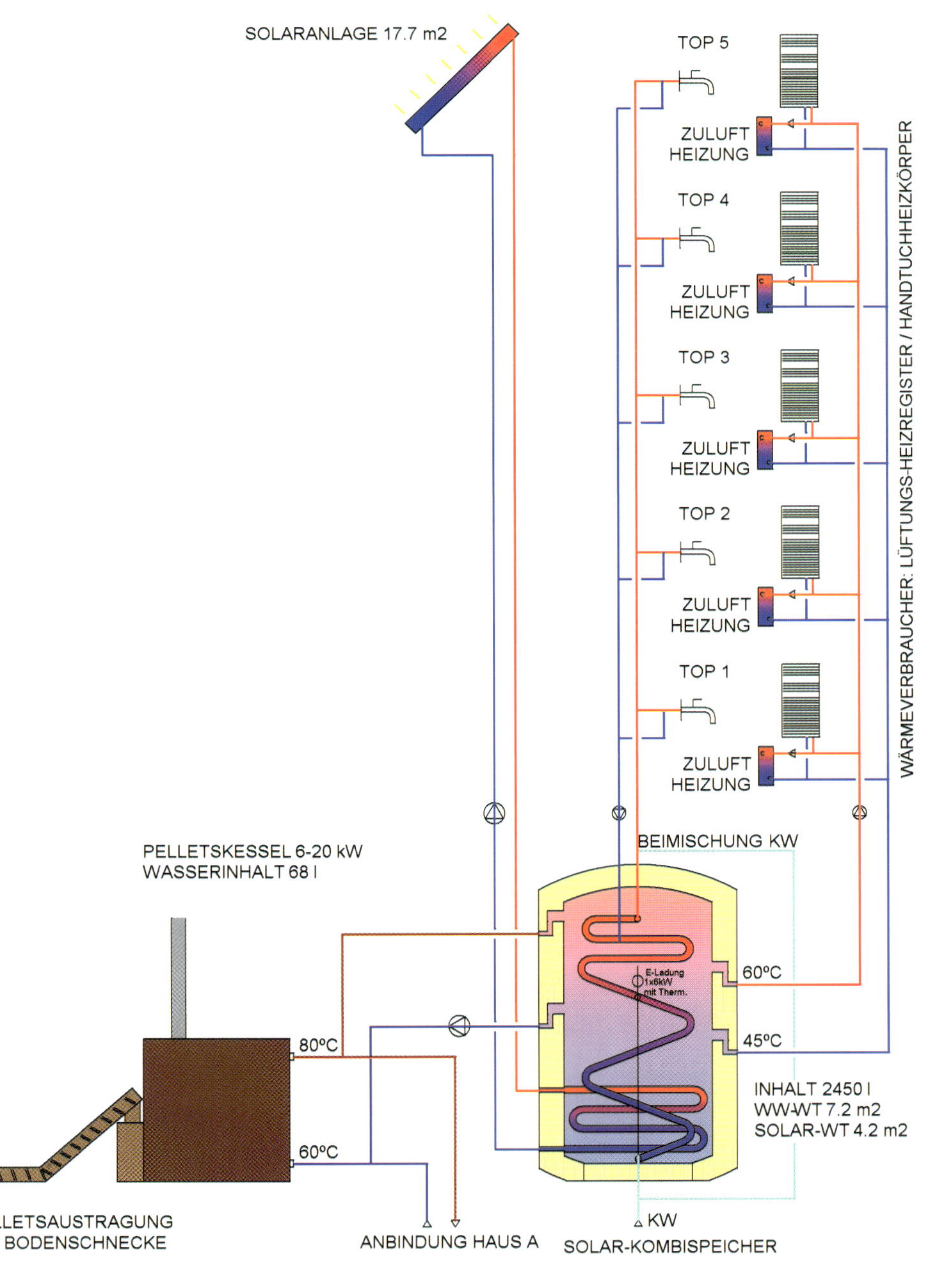

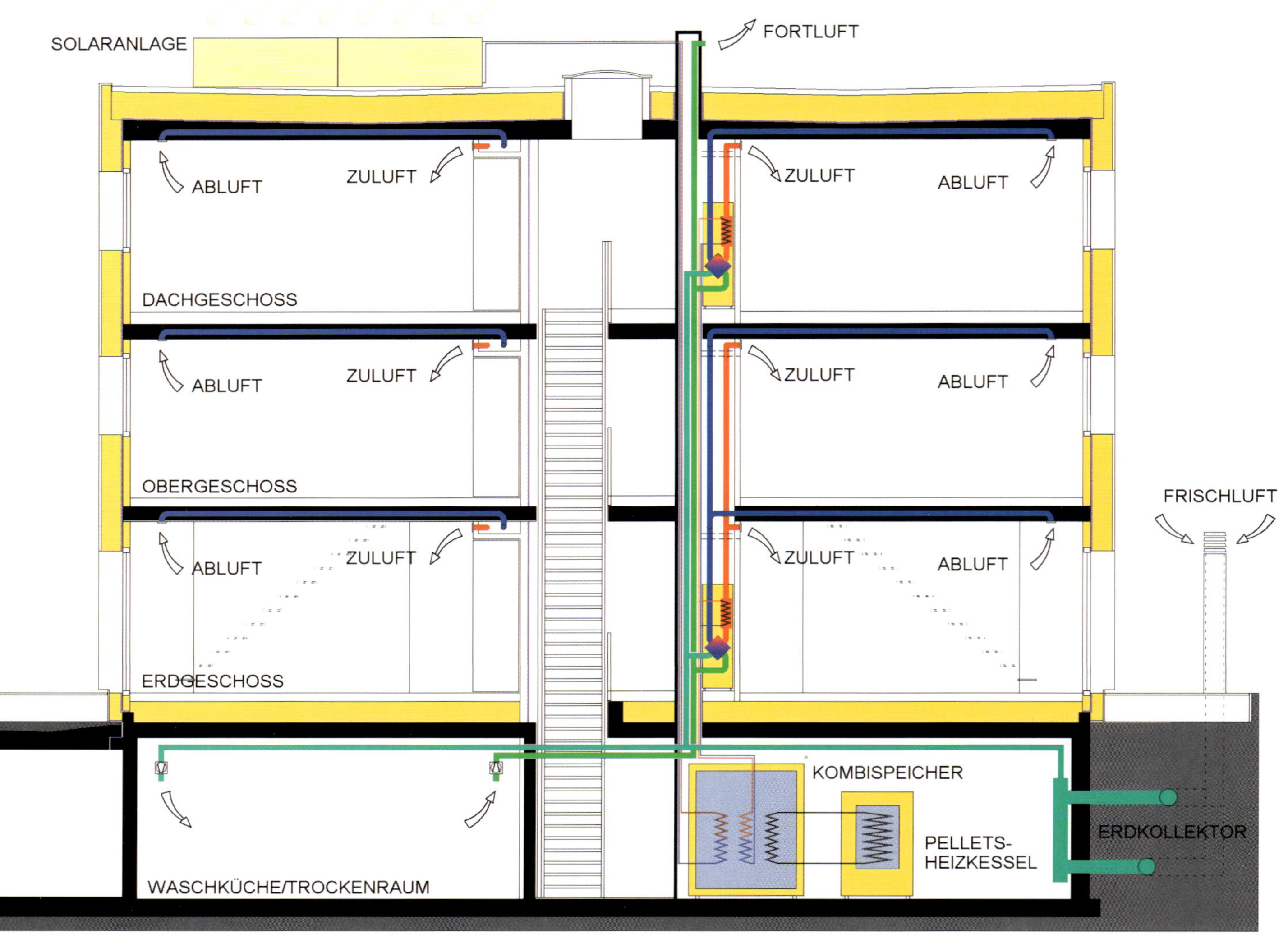

125 bis 130 % Holzpellets verheizt werden.

Die Messergebnisse zeigen, dass es mit einer Ausnahme zu keinem Zeitpunkt unter 20°C warm (bzw. kalt) war. Die Durchschnittstemperatur aller Wohnungen lag bei 22,7°C im Messzeitraum Oktober bis März. Wesentlicher ist aber der Blick auf die einzelnen Raumtemperaturaufzeichnungen, von denen hier die Wohnungen mit der geringsten, der mittleren und der höchsten Durchschnittstemperatur dargestellt sind. Die detailliert dokumentierten Messreihen wurden ebenfalls veröffentlicht und sind der im Vorwort genannten Quelle zu entnehmen.

Im Winter 2000/2001, dem ersten Winter, in dem das Gebäude durchgehend bewohnt war, wurde das thermische Gebäudeverhalten durch detaillierte Messreihen in der Zeit von Anfang Oktober bis Ende März dokumentiert. Die Messung des Nutzwärmeverbrauchs für die Gebäudeheizung ergab 21,3 kWh/(m²a) bei einer gemessenen mitt-

and put in the new filter. That is all the residents have to do two to three times a year.

The air and warmth distribution in the individual houses occurs in typical passive house manner. The living, dining, work and bedrooms are all air supply rooms. Normally, the air vents are located over the doors of the rooms. In some cases, the air vents were imbedded in the ceiling. The halls and stair rooms are upper current rooms, meaning that the air flows from the doorway over the room to the outside. The bathroom, toilet and kitchen are all exhaust rooms. There are exhaust vents in these rooms.

Where does the air come from? The outer air is brought in from a central „fresh air well" in the garden area. The fresh air filters are easily accessible and are located in the stairwell close to the garden. From there, the fresh air is transported around the house via geothermal heat lines. The insulated fresh air channels then branch out into

leren Raumlufttemperatur von 22,7°C. Wird der Heizwärmeverbrauch umgerechnet auf eine theoretische Innenlufttemperatur von 20°C, dann liegt er bei 15,7 kWh/(m²a), in der Größenordnung des Berechnungsergebnisses (13,5 kWh/(m²a)).

Der daraus errechnete Mittelwert für das gesamte Jahr beträgt ohne Korrektur der mittleren Innenraumtemperatur 33,5 kWh/(m²a). Die relativ große Differenz zwischen Nutzwärme- und Endenergieverbrauch kann ohne zusätzliche Messung nicht quantifiziert werden. Mögliche wahrscheinliche Ursachen sind ein vergleichsweise niedriger Kesselwirkungsgrad, ein zentrales Wärmeverteilsystem mit langen Leitungen, erhöhte Speicherverluste durch Aufstellung der

the three installation wells, which lead to the ventilation devices.

In keeping with the fundamental thought behind the passive house concept, the ventilation device used has the best characteristics with regards to insulation, electricity consumption, maintenance ease and simple operation.

Where does the heat come from? It comes in a solar twin pack: Wood and sun collectors deliver heat to the ventilation device. The ventilation – if equipped with a heating pump – could have taken over the entire supply of room heating and warm water, see CEPHEUS Passive House in Hörbranz, CEPHEUS Passive House in Dornbirn and hundreds of additional passive houses in the meantime. The constructors wanted to get to the bottom of things: based on a parametric study with regards to investment costs, operational costs and primary energy consumption, the constructors surprisingly chose the most expensive option – decentralized ventilation devices with a residual warmth counter, central pellet-powered heating as the energy source and sun collecting panels, mainly for warm water. Wood was more appealing than the other two energy supply sources for heat generation: electricity and gas. The pellet furnace is small, as if for a small single-family house and is located in a little boiler room under one of the two houses. It delivers heat to a buffer storage tanks with a volume of 2,500 liters. There is one per house. These buffer storage tanks are simultaneously storage solar-thermally-generated heat. This is delivered by 31 m² sun collecting efficiency is not as good as was hoped for. The reason for this is, as usual, faulty execution and shortcomings in the construction supervision. In order

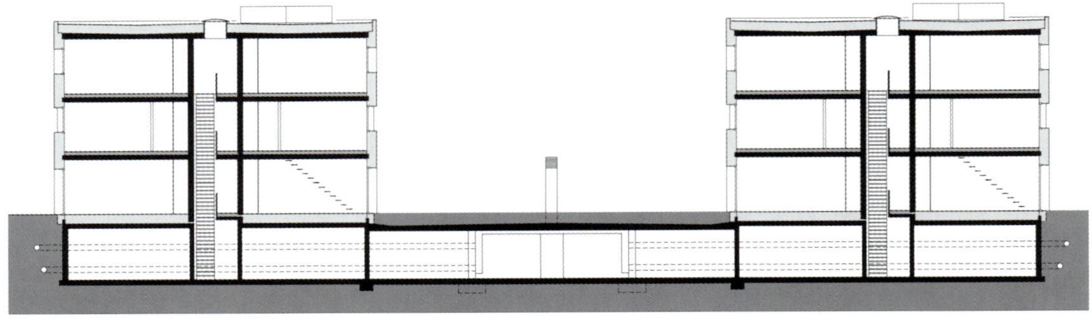

to deliver 100 % of the useful heat, 125 to 130 % of the wood pellets have to be used.

The measurement results show that, with one exception, it was never colder than 20° C. The average temperature lay at 22.7°C throughout the October to March measurement period. What is more important is a look at the individual temperature records, which include the representation of the apartments with the lowest, the mid-level and the highest average temperature. The detailed measurement series were also published and can be requested from the sources mentioned in the foreword.

The thermal properties of the building were documented with detailed measurements in the 2000/2001 winter, the first winter the building was lived in over the entire period from October to the end of March. The active energy consumption measurements for building heating requirements show a value of 21.3 kWh/(m²a) at a measured average temperature of 22.7°C. If the heating energy consumption is calculated against a theoretical inside air room temperature of 20 °C the level would be 13.5 kWh/(m²a), which is within the value of the calculation results.

Therefore, the calculated average temperatur for the entire year amounts to 33.5 kWh/(m²a), without corrections. The relatively large difference between active heating and final energy consumption cannot be quantified without an additional measurement. Possible likely reasons are the low degree of effectiveness of the boiler, a central heating distribution system with long lines and increased storage losses as a result of positioning the storage tanks outside the heated area. Other reasons could be the insulation of lines that do not comply with construction guidelines and losses due to uninsulated valves and pumps. The final energy consumption for the measurement period amounts to 6.5 kWh/(m²a). The projection for the entire year lies at 7.8 kWh/(m²a).

Speicher außerhalb der beheizten Zone, die Dämmung der Heizleitungen entgegen der Ausschreibung nur nach Norm und die Verluste durch ungedämmte Ventile und Pumpen. Der gemessene Endenergieverbrauch für die Warmwasserbereitung beträgt während der Messperiode 6,5 kWh/(m²a). Die Hochrechnung auf das gesamte Jahr ergibt vorläufig 7,8 kWh/(m²a). Das

Beobachtungsjahr ist noch nicht abgeschlossen. Der aus den Messwerten ermittelte Primärenergiekennwert für Heizung, Warmwasser und alle Stromanwendungen beträgt 56,5 kWh/(m²a) und unterschreitet somit den Passivhausgrenzwert von 120 kWh/(m²a) um knapp mehr als 50 %.

Insgesamt wurden die gesteckten Ziele gut erreicht. Es muss jedoch festgehalten werden, dass das Potenzial der Haustechnik nicht effizient ausgeschöpft wurde. Erkenntnisse bei Folgeprojekten lieferten den Hinweis, dass diese Effizienz durch die ohnehin notwendige Bauqualitätskontrolle leicht erreicht werden könnte.

Kosten

Bauwerkskosten: 1.011 Euro pro m² bzw. 130.986 Euro pro Wohneinheit

Beteiligte

Architekt:
Dipl.-Ing. Gerhard Zweier

Heizung, Sanitär:
GMI Dornbirn

Elektroplanung:
Ing. Peter Hämmerle, Lustenau

Lüftungsplanung:
Ing. Christof Drexel, Bregenz

Bauphysik:
Dipl.-Ing. Dr. Lothar Künz, Hard

Fensterbau:
Sigg GmbH, Hörbranz

Zeitlicher Rahmen

Planungsbeginn: Sommer 1998
Baubeginn: März 1999
Bezug: Dezember 1999

The observation year is still underway. The primary energy value for heating warm water and all electrical applications is 56.5 kWh/(m²a), this figure is just over 50 % lower than the passive house limit of 120 kWh/(m²a).

All in all, the designated goals were achieved well. It should however be noted that the home technology potential was not explored efficiently. Insights from subsequent projects show that this efficiency could easily be reached with the building quality control that is required in any case.

Costs

Building construction costs: 1,011 Euro per m² or 130,986 Euro per residential unit

Participants

Architect:
Dipl.-Ing. Gerhard Zweier

Heating and hygienic facilities:
GMI Dornbirn

Electrical planning:
Ing. Peter Hämmerle, Lustenau

Ventilation planning:
Ing. Christof Drexel, Bregenz

Building physics:
Dipl.-Ing. Dr. Lothar Künz, Hard

Window construction:
Sigg GmbH, Hörbranz

Time frame

Start of planning: Summer 1998
Start of Construction: March 1999
Move in: December 1999

Wohnanlage Kuchl, Salzburg

Standort und Klima

Der Ort Kuchl hat 6.500 Einwohner und liegt 25 km südlich der Landeshauptstadt Salzburg. Das Baugrundstück befindet sich im Ortsteil Kuchl-Garnei in ländlicher Gegend, umgeben von frei stehenden Einfamilienhäusern. Es liegt in ebenem Gelände und hat einen L-förmigen Zuschnitt. Eine Horizontalverschattung durch Berge ist nicht gegeben.
In unmittelbarer Nähe verlaufen eine Bahntrasse und eine Bundesstraße. Daraus resultiert eine Lärmbelastung von 60 bis 65 dB auf der Westfassade mit entsprechenden Lärmschutzauflagen. Auf der Westseite wurde daher parallel zur Bundesstraße eine Lärmschutzwand errichtet.
Die Mittelwerte aus langjährigen Klimaaufzeichnungen ergeben eine mittlere Außentemperatur von 8,2°C, 3.814 Kd und eine mittlere tägliche Globalstrahlung auf horizontaler Fläche von 2.956 Wh/(m²d).

Baubeschreibung

Die dreigeschossige Wohnanlage besteht aus zwei Baukörpern mit insgesamt 25 Wohnungen und wurde im Rahmen des gemeinnützigen Wohnbaus errichtet. Als Reaktion auf die Lärmemissionen und aufgrund des Grundstückszuschnitts wurden die beiden Baukörper L-förmig angeordnet und von der lärmbelasteten Seite über außen liegende Treppenhäuser mit Laubengängen erschlossen. Diese sind offen und thermisch getrennt vor das beheizte Gebäude gestellt. Auf diese Weise werden pro Treppenhaus insgesamt 5 WE erschlossen. Der Vorteil dieser Erschließung liegt in der thermi-

schen Trennung von kaltem Treppenhaus und warmem Wohngebäude. Ein weiterer Vorteil ist, dass offene Treppenhäuser und Laubengänge nicht auf die Geschossflächenzahl angerechnet werden. Abstellmöglichkeiten sind auf Parkplätzen im Freien, auf der Hauseingangsseite, vorhanden. Ziel des Bauträgers war es, kostengünstige Wohnungen für unterschiedliche Haushaltsgrößen anzubieten. Der Grundriss wurde so gestaltet, dass relativ kleine 3- und 4-Zimmerwohnungen entstanden, ohne dass die Funktionalität der Räume beeinträchtigt wurde. Die 20 3-Zimmerwohnungen verfügen über

APARTMENT COMPLEX
KUCHL, SALZBURG

Location and Climate

The town of Kuchl has 6,500 inhabitants and lies 25 km south the provincial capital of Salzburg. The building site is located in the rural Kuchl-Garnei area of town. It is surrounded by free-standing single-family houses. It lies on level terrain and is l-shaped. There is no horizontal shadow fall due to the mountains.

Train route and country roads are in the immediate vicinity. This results in noise levels ranging from 60 to 65 db on the west facade with the corresponding sound insulation requirements. Therefore, a sound proofing wall was erected parallel to the country road.

The long-term climactic averages are 8.2°C outdoor temperature, 3,814 Kd and 2,945 Wh/(m²d) average solar radiation on a horizontal surface.

Project Description

The three-story apartment house complex consists of two structures with a total of 25 apart-

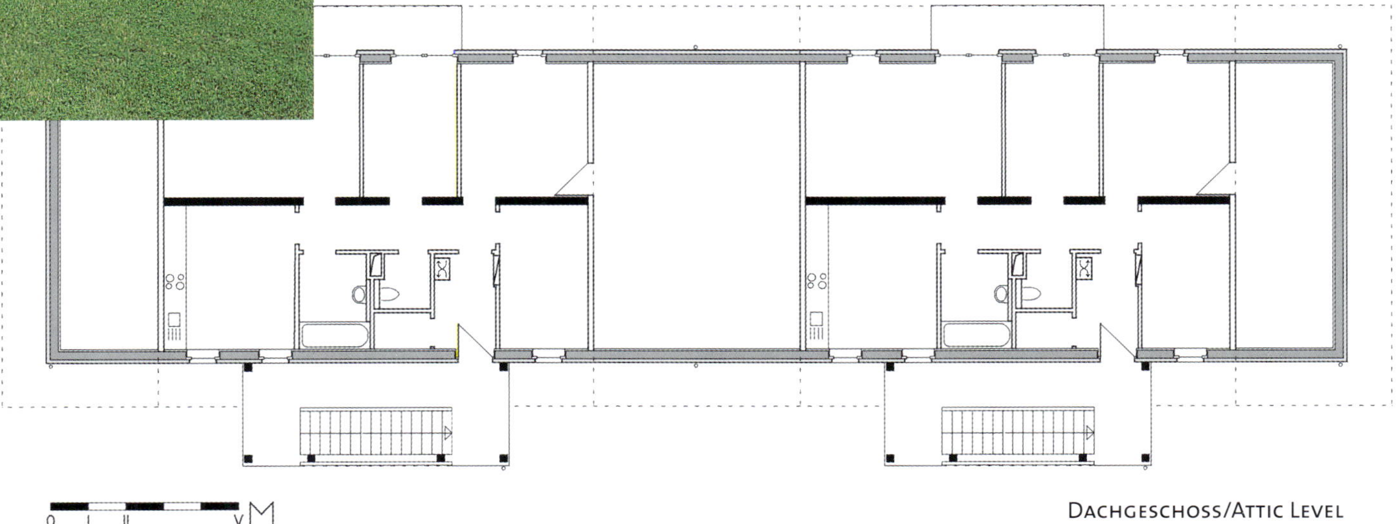

DACHGESCHOSS/ATTIC LEVEL

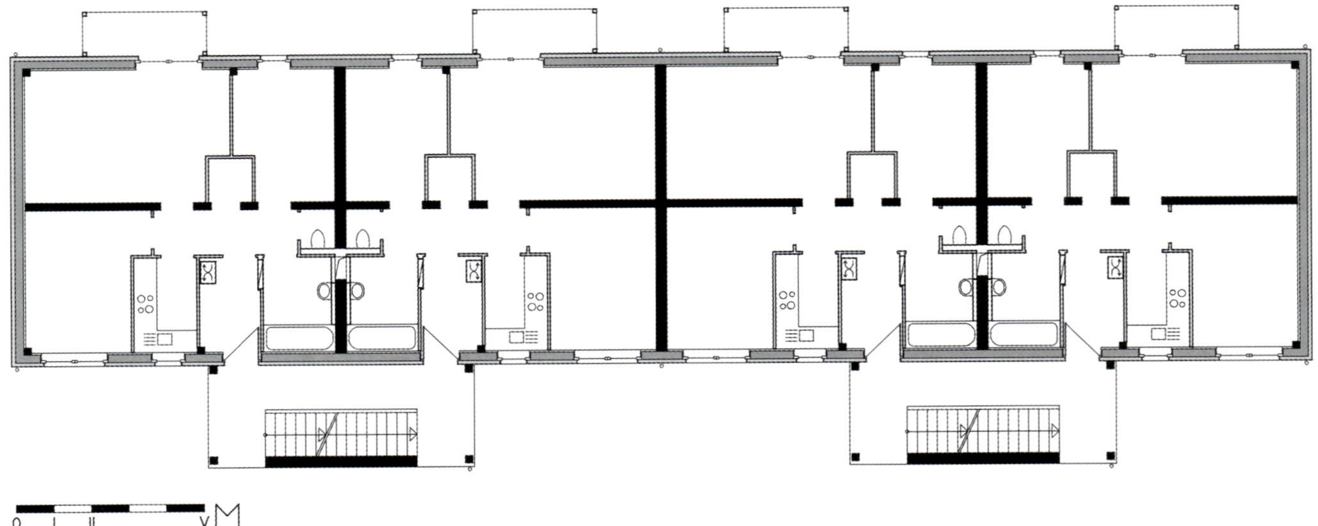

OBERGESCHOSS/UPPER LEVEL

60 m², die fünf 4-Zimmerwohnungen über je 83 m²
Wohnfläche. Zugang ins Freie wurde für die
Wohneinheiten im Erdgeschoss über einen vorgelagerten Gartenraum, für die Wohneinheiten
in den Obergeschossen über einen Balkon geschaffen. Der Fensterflächenanteil ist bei diesem
Projekt relativ gering. Die Fenster im Block A sind
nach Osten und Westen, im Block B nach Süden
und Norden orientiert.

Im Dachgeschoss musste auf nutzbaren Wohnraum verzichtet werden, weil politisch bedingt
ein gewisser Anteil an Satteldachfläche vorge-
schrieben war. Der Raum unter dem Satteldach

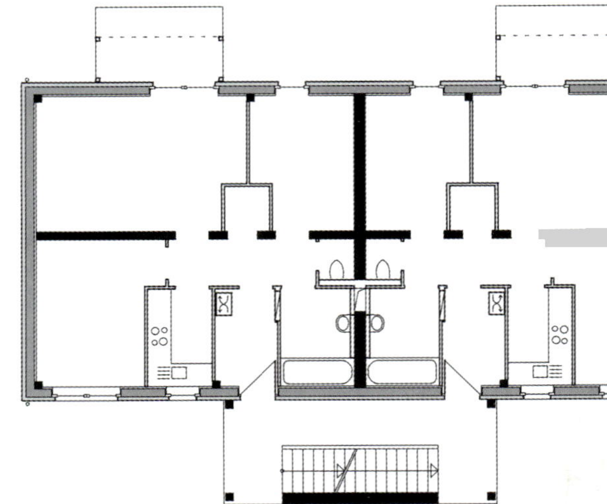

ERDGESCHOSS/GROUND LEVEL

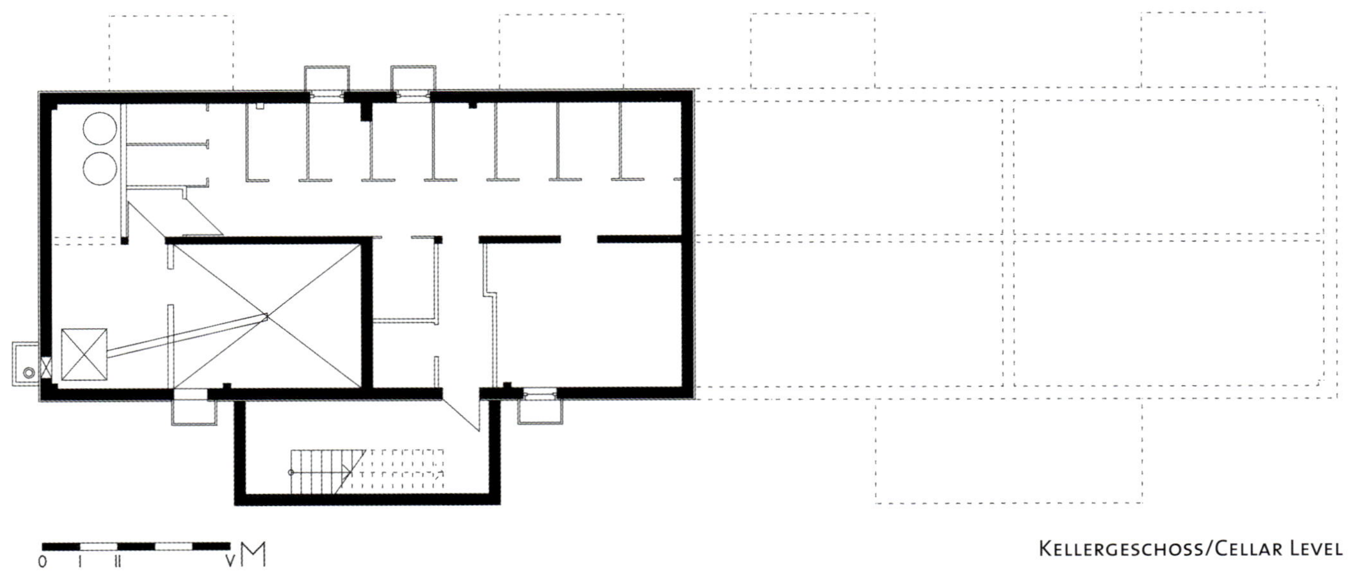

KELLERGESCHOSS/CELLAR LEVEL

konnte nicht mehr als Wohnraum genutzt werden.

Der Vertikalschnitt durch die Nordfassade zeigt die Funktion der luftdichtenden Schicht. Diese Aufgabe wurde von einer Polyethylenfolie auf der Innenseite der Holzaußenwandkonstruktion übernommen. Diese wird raumseitig durch Holzwolleleichtbauplatten geschützt. Die Geschossstöße der Holzwand durch die Stahlbetongeschossdecken wurde leicht versetzt angeordnet,

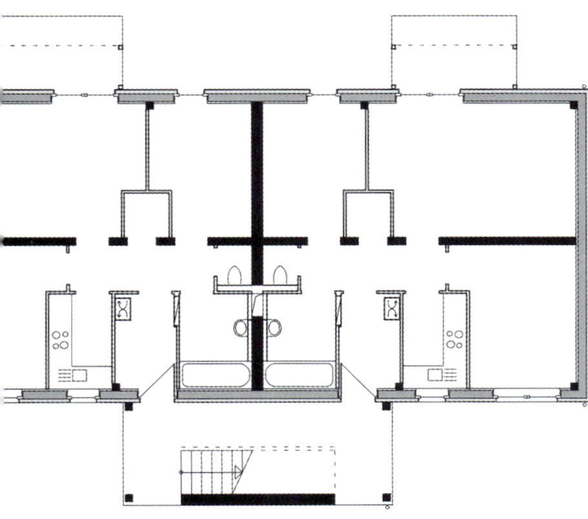

um die Polyethylenfolienenden miteinander verkleben zu können. Die Polyethylenfolie ist auch am Blendrahmen verklebt. Durch die 10 cm dicke außenseitige Zusatzdämmung wird die Wärmebrückenwirkung der Steher minimiert. Auch die Fensterprofile sind bauseits konsequent gedämmt.

Die Skizze der Dachtraufe im Wohnbereich zeigt die Lösung zur Minimierung der Wärmebrücken. Es wurde ein dreilagiger Dachaufbau gewählt: Am 20 cm hohen Sparren wurde unterseitig eine 10 cm Querlattung, an dieser ebenfalls eine 10 cm hohe Längslattung befestigt.

Dach U = 0,10 W/(m²K)

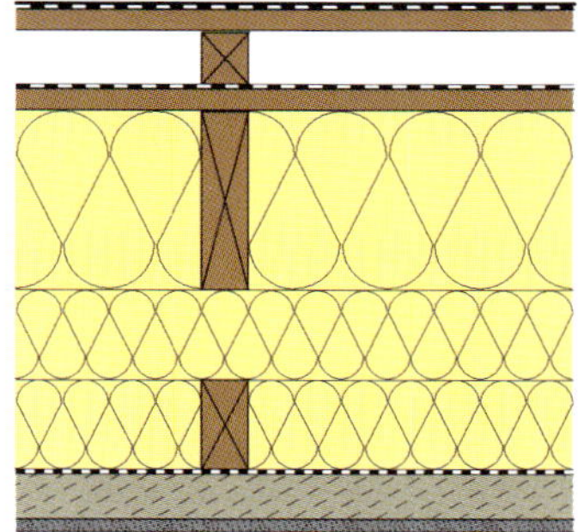

Außen / kalt	
Blecheindeckung	-----
Rauhschalung	2,4 cm
Konterlattung	8,0 cm
diffusions offene Unterspannbahn	-----
Rauhschalung	2,4 cm
Sparren / Steinwolle	10/20
Querlattung / Steinwolle	5/10
Längslattung / Steinwolle	5/10
PE-Folie	-----
Holzwolle-Leichtbau-Platte	5,0 cm
Putz	1,5 cm
Innen / warm	

Kellerdecke U = 0,16 W/(m²K)

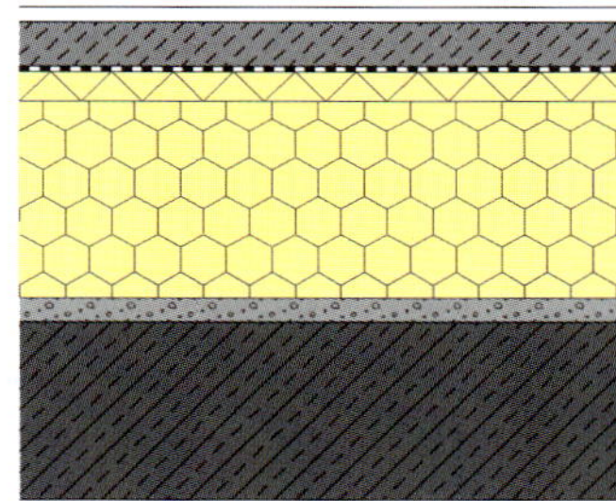

Innen / warm	
Belag	1,5 cm
Estrich	5,0 cm
PAE-Folie	-----
Trittschalldämmung	3,0 cm
Polystyrol	20,0 cm
Kies	2,5 cm
Stahlbetondecke	18,0 cm
Erdreich	
Keller / unbeheizt	

ments and was built as part of the community housing program. In reaction to the noise emissions and the shape of the site, the two structures were built in an L pattern. The sound-exposed sides are connected via covered, open walkways, which are positioned outside the thermally insulated shell. These sides also feature stairways located on the side, which are outside the thermally insulated shell as well. This makes it possible to fit five residential units in each building. The advantage of this structure lies in the thermal separation of the cold stairwell and the warm building. An additional advantage is that the open stairwells and and covered walkways are not calculated as part of the total floor surface. Storage spaces are out in the open on parking spaces. The goal of the building contractor was to offer inexpensive apartments for different sized households. The floor plan was designed with the creation of relatively small 3 to 4 room apartments in mind without the functionality of the rooms being impaired in any way. The 20 3-room units dispose of 60 m² and the five 4-room units are each 83 m² large. The ground floor units all have access to the outside via an

Kuchl

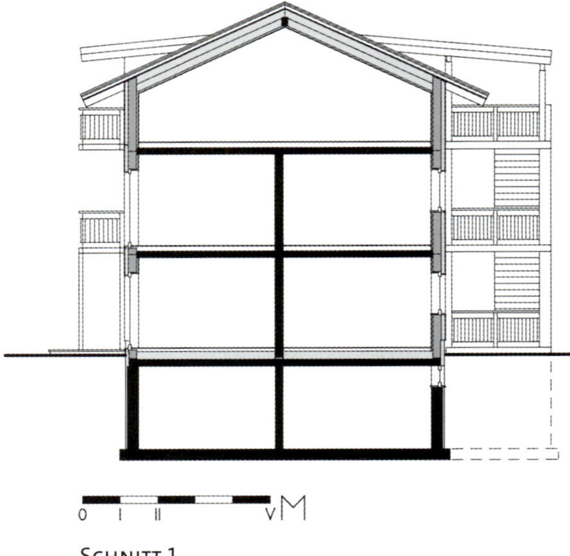

SCHNITT 1

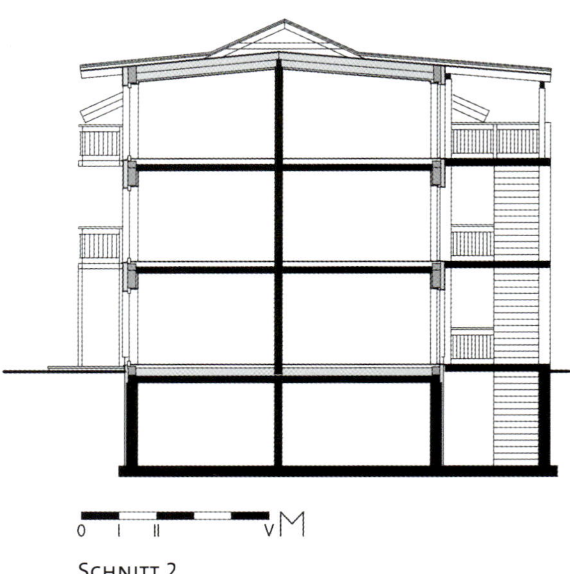

SCHNITT 2

Massive Innenwände wurden zur thermischen Trennung gegen die kalte Betondecke bzw. gegen den kalten Fußboden auf einen Schaumglasblock gestellt.

Lüftungskonzept

Jede Wohnung verfügt über eine Lüftungsanlage mit Wärmerückgewinnung. Der Wärmebereitstellungsgrad wird mit 80 % angegeben. Den Lüftungsanlagen ist kein Erdreichwärmetauscher vorgeschaltet. Das Lüftungssystem wird auch zur Gebäudeheizung eingesetzt, die Zuluft wird über einen Wasserluftwärmetauscher wohnungsweise nachgeheizt.

exterior garden area and the upper story apartments feature balconies. The window surface share in this project is relatively low. The windows in Block A face east and west, whereas those in Block B face south and north.

Roof saddle surface construction requirements made it necessary to eliminate useful living space in the attic.

The vertical cross-section of the north facade shows the function of the airtight layer. A layer of polyethylene foil on the inside of the wooden outer wall construction provides the seal in this case. The side facing the room is in turn protected by wood wool slabs. The connection with the steel reinforced concrete floor is slightly recessed in order to be able to bond the polyethylene foil endings. Polyethylene foil is also mounted on the wall guards. The 10 cm thick outside insulation layer minimizes the thermal bridge effect on the studs. The building window mountings were also insulated effectively.

The diagram of the roof eaves shows the thermal bridge minimizing solution. A three-layer roof construction was chosen here. 20 cm high spars were layered underneath with 10 cm horizontal slats, which in turn have 10 cm vertical slats fastened to them.

Solid interior walls were mounted on foam glass blocks in order to insure the thermal separation of cold roofs and/or floors.

Ventilation Concept

Each apartment has its own ventilation and heat recovery unit. It achieves a heat generation degree of 80 %. The ventilation system is also used for building heating. The supplemental air supply can be heated individually for each apartment via an air/water heat exchanger.

Raumwärmeversorgung

Die beiden Gebäude werden überwiegend über das Lüftungssystem beheizt. Die Zuluft wird aus den zentralen Pufferspeichern über dezentrale Wasser/Luft Wärmetauscher wohnungsweise erwärmt. Abweichend von den reinen Passivhauskonzepten wurden zusätzlich Radiatoren an den Außenfassaden der Aufenthaltsräume angebracht. Die Auslegung erfolgte so, dass bei einer maximalen Zulufttemperatur von 40°C etwa 80 bis 85 % der Wärmeversorgung vom Lüftungssystem übernommen werden kann. Die Pufferspeicher werden aus einem zentralen Pelletkessel und

Außenwand 1   U = 0,13 W/(m²K)

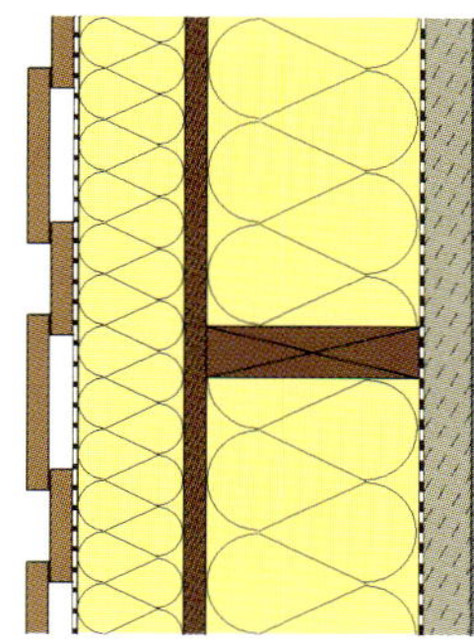

Außen / kalt	
Holzschalung	2x2,0 cm
Windpapier	------
Querlattung / Steinwolle	5/10
OSB-Platte	1,8 cm
Riegel / Steinwolle	5/20
PE-Folie	-----
Holzwolle-Leichtbau-Platte	5,0 cm
Gipsputz	1,5 cm
Innen / warm	

Außenwand 2   U = 0,13 W/(m²K)

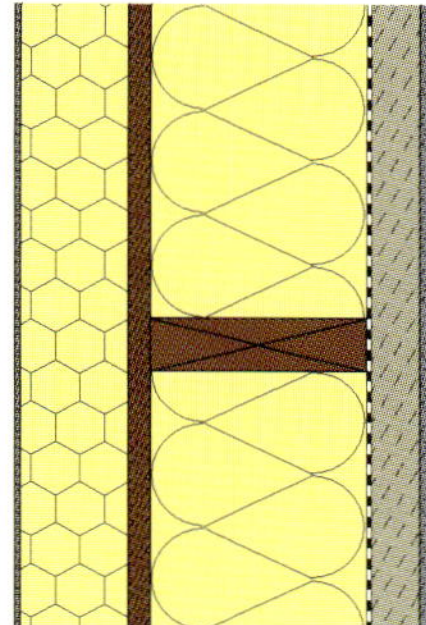

Außen / kalt	
Dünnputz	0,5 cm
Polystyrol	10,0 cm
OSB-Platte	1,8 cm
Riegel / Steinwolle	5/20
PE-Folie	-----
Holzwolle-Leichtbau-Platte	5,0 cm
Gipsputz	1,5 cm
Innen / warm	

Room Heat Supply

Both buildings are primarily heated via the ventilation system. The air supply is fed from the centralized buffer tanks to decentralized water/air exchangers, which provide heat for the individual apartments. In a deviation from traditional passive house concepts, additional radiators were also mounted on the outer facades of the residential spaces. The distribution was designed to guarantee that 80 to 85 % of the heat supply could be provided by the ventilation system. The buffer tanks are fed from a central pellet-fed boiler system and a thermal solar power system. A central 60 kW pellet-fed system is utilized for warm water and heating. The warm water supply for all 25 units was decisive in choosing this distribution. The heating capacity for both buildings was calculated in accordance with ÖNORM M 7,500 and the passive house project orientation guidelines. When calculated according to the passive house orientation package, the specific heating capacity is 9.4 W/m², The specific heating warmth requirement is 15.1 kWh/(m²a).

einer thermischen Solaranlage gespeist. Zur Wärmeerzeugung für Warmwasser und Heizung wird eine zentrale Pelletanlage mit 60 kWh eingesetzt. Maßgeblich für die Auslegung war die Warmwasserbereithaltung für alle 25 Wohnungen. Die Heizlast für beide Gebäude wurde sowohl nach ÖNORM M 7.500 als auch mit dem Passivhausprojektorientierungspaket berechnet. Bei Berechnung nach dem Passivhausprojektierungspaket ergibt sich die spezifische Heizlast von 9,4 W/m², der spezifische Heizwärmebedarf von 15,1 kWh/(m²a).

Besonderheiten

In Salzburg schreibt das Baugesetz die Errichtung von Notkaminanschlüssen für jede Wohneinheit vor. Die Baubehörde wurde von der hohen Krisensicherheit von Passivhäusern informiert. Trotzdem wurde in dieser Hinsicht keine Ausnahmegenehmigung erteilt. Der Bauträger entschloss sich daher, eine PV-Anlage zu installieren. Diese wurde so ausgelegt, dass die in Batterien gespeicherte Strommenge ausreicht, die zentrale Pelletskesselanlage und die dezentralen Lüftungsgeräte einige Tage zu betreiben. Außerdem ist die Heizung so ausgeführt, dass sie im Notfall als Schwerkraftheizung funktionsfähig bleibt. Durch diese Maßnahme konnte eine Sondergenehmigung zum Bau der Anlage ohne Notkaminanschlüsse erlangt werden.

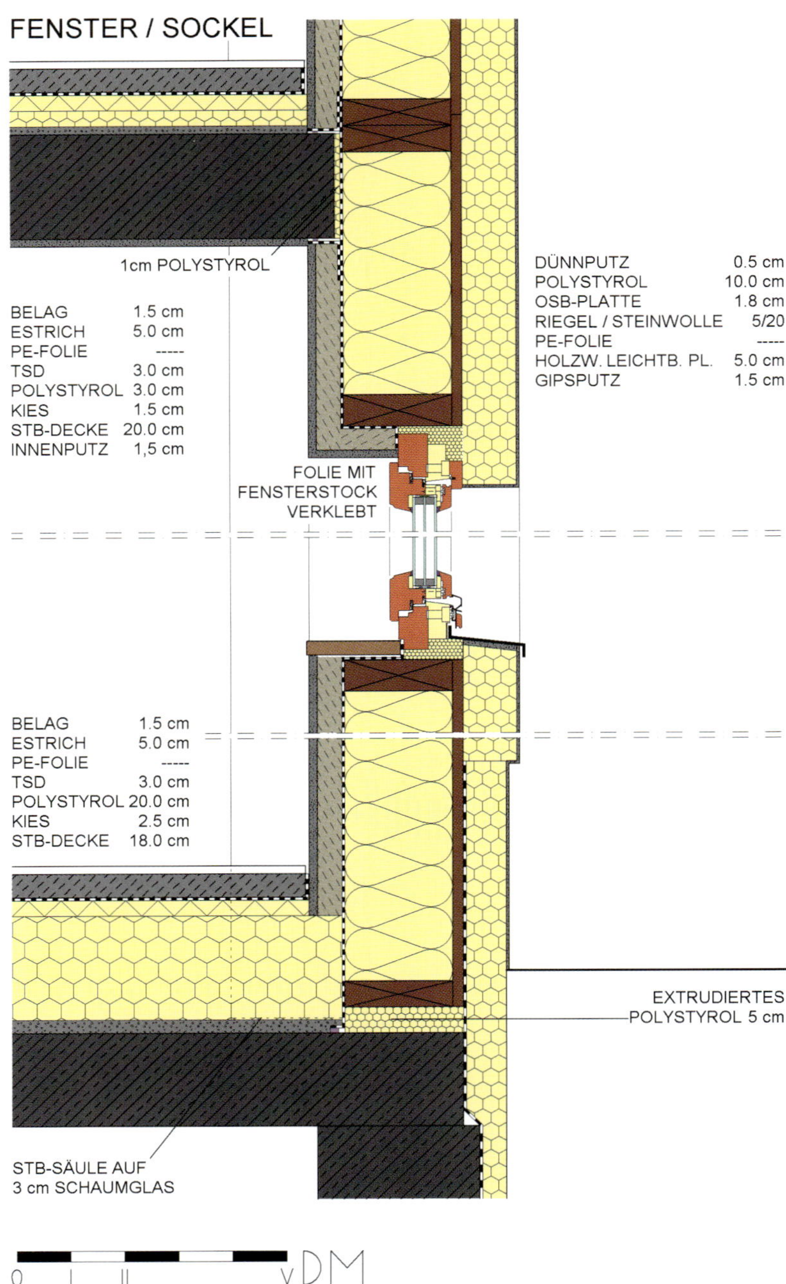

Special Features

The installation of emergency chimney connections in each residential unit is mandatory according to Salzburg building laws. The building authorities were informed of the high crisis safety of passive houses. Nonetheless, no building permit was issued. Therefore, the building contractor decided to install a PV system. This system was designed so that the current stored in the

Solaranlage

Das Kollektorfeld der 75 m² großen dachintegrierten Solaranlage ist auf Block B situiert. Das Kollektorfeld hat eine Neigung von 25° und ist nahezu südorientiert. Die Solaranlage wird im lowflow Schichtladeverfahren in 3.000 l-Pufferspeicher eingespeist. Das Warmwasser wird dezentral in einem im Badezimmer über der Waschmaschine situierten 150 l-Warmwasserspeicher erwärmt. Dieser wird im Durchflussprinzip über die zentralen Puffer von der zentralen Solar- u. Pelletheizung mit Wärme versorgt. Dadurch ist im Projekt für die Wohnungszuleitungen nur je eine Kalt- und Warmwasserleitung erforderlich, und es konnte auf aufwändige Warmwasser- und Zirkulationsleitungen verzichtet werden. Im voll ausgestatteten Bad wurden wasser sparende Armaturen montiert. Der Wasserstrahl wird durch einen Bewegungsmelder gesteuert eingeschaltet. Die bisherigen Erfahrungen zeigen, dass die Standardeinstellung nicht für jeden Benutzer geeignet ist. Mehrfache individuelle Anpassungen waren nötig, die Akzeptanz bei den Bewohnern ist unterschiedlich.

batteries is sufficient to power the central pellet-fed boiler system for a number of days. Additionally, the heating is installed in a manner which allows it to remain functional as a gravity vented heating unit in case of an emergency. This measure made it possible to receive a building permit for the complex without emergency chimney connections.

Solar Collector System

The collector space of the 75 m² large solar collector system is integrated in the roof of Block B. The collector space has an inclination degree of 25° and is almost facing south. The energy from the solar collector system is fed into 3,000 l buffer storage tanks by way of a shift loading process. Warm water is heated in a decentralized 150 l warm water storage tank above the washing machine. This unit is fed with heat from the central solar power and pellet-fed heating system via the continuous flow. This means that only one cold water line is required in this project, making complex warm water and circulation lines unnecessary. The fully equipped bathrooms feature energy-saving fixtures. A motion sensor activates the stream of water. Experience so far indicates that the standard setting is not adequate for all users. A number of individual settings were necessary and resident acceptance varies.

DACHANSCHLUSS WOHNBEREICH

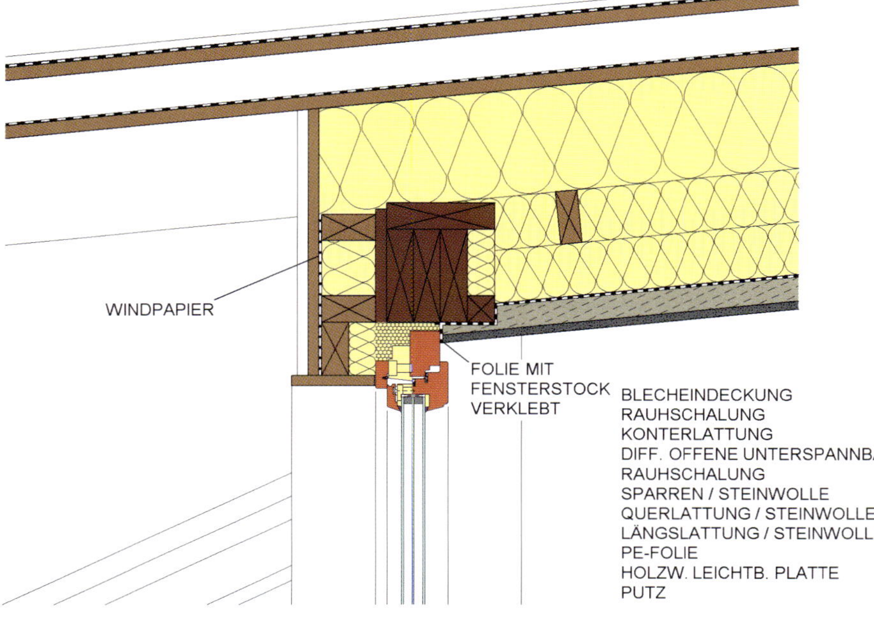

BLECHEINDECKUNG	
RAUHSCHALUNG	2,4 cm
KONTERLATTUNG	8.0 cm
DIFF. OFFENE UNTERSPANNBAHN	-----
RAUHSCHALUNG	2.4 cm
SPARREN / STEINWOLLE	10/20
QUERLATTUNG / STEINWOLLE	5/10
LÄNGSLATTUNG / STEINWOLLE	5/10
PE-FOLIE	-----
HOLZW. LEICHTB. PLATTE	5.0 cm
PUTZ	1.5 cm

INNENWAND BODEN

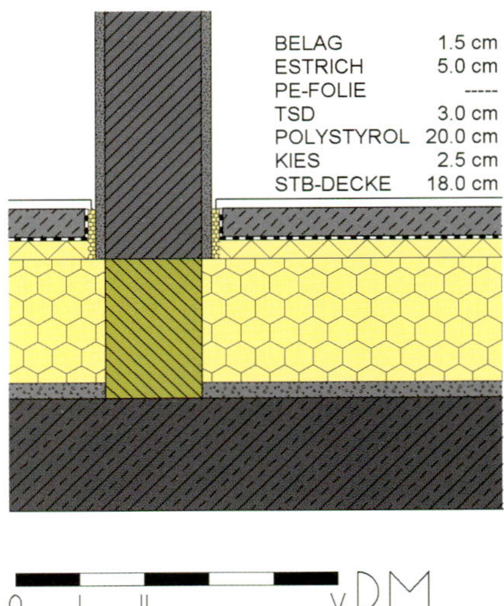

Elektrische Haushaltsgeräte und Beleuchtung

Im CEPHEUS-Projekt Kuchl wurden die Küchen voll eingerichtet den Mietern übergeben. Die Küchen bestehen aus Küchenmöbeln samt Kühl-/Gefriereinheit der Güteklasse A, einem Herd mit Ceranfeld und Backrohr, einem Geschirrspüler der Energieeffizienzklasse A (jedoch ohne Warmwasseranschluss) und einer Umluftdunstabzugshaube über dem Herd. Die Mieter konnten

Electrical Appliances and Lighting

The kitchens at the Kuchl CEPHEUS project were given to the tennants fully equipped. The kitchens consist of kitchen furniture, an A quality certified refrigerator/freezer unit, a stove with a ceramic range and an oven, an A class energy efficiency certified dishwasher (although without a warm water connection) and a cooking range ventilation unit. The tennants could also select the cabinet fronts, working surfaces and the color of the kitchen appliances.

There is a laundry and clothes drying room in each building as part of the electricity saving concept. Each room features an efficient washing machine and dryer. With a few exceptions, this has been well received by the tennants and used.

Costs

Building construction costs: 1,446 Euro per m² or 103,908 Euro per residential unit

Participants

Building contractor:
BauSparerHeim Siedlungsgemeinschaft Salzburg

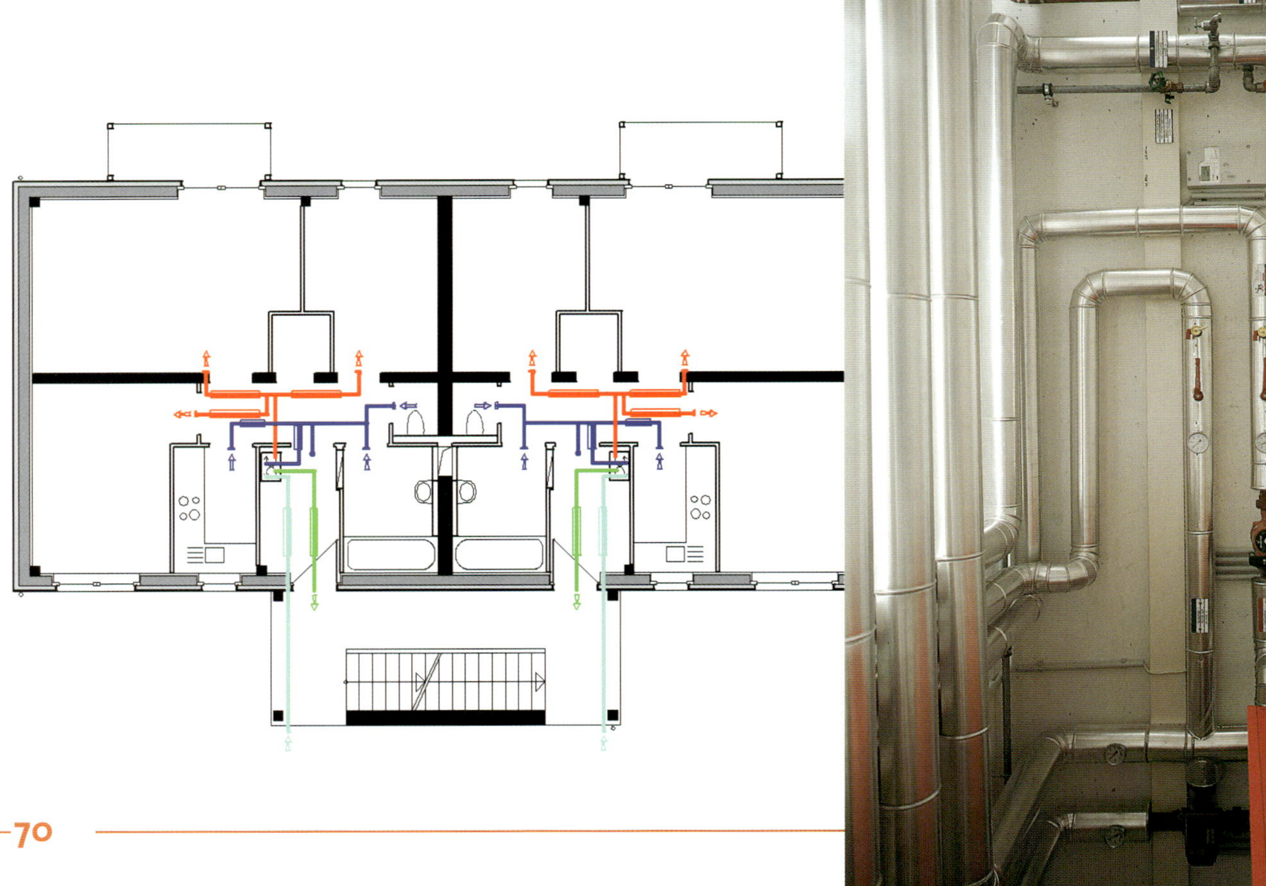

darüber hinaus die Fronten, die Arbeitsplatte und die Farbe der Geräte der Küche selber auswählen.

Als Teil des Stromsparkonzeptes gibt es pro Haus einen Wasch- u. Trockenraum, der mit einer effizienten Waschmaschine und einem effizienten Wäschetrockner ausgestattet ist. Bis auf wenige Ausnahmen wird dies auch von den Mietern im Allgemeinen gut angenommen und verwendet.

Baukosten

Bauwerkskosten: 1.446 Euro pro m² bzw. 103.908 Euro pro Wohneinheit

Beteiligte

Bauherr:
BauSparerHeim Siedlungsgemeinschaft Salzburg

Architekten:
BauSparerHeim Siedlungsgemeinschaft Salzburg

Fachingenieure:
Team Pongau 3:
Spiluttini-Kramer-Burgschwaiger
Erich Six Salzburg

Ausführung:
Spiluttini, Schwarzach im Pongau
Burgschwaiger, Schwarzach im Pongau

Fenster:
Freisinger, Ebbs in Tirol

Zeitlicher Rahmen

Planungsbeginn Februar 1997
Baubescheid Mai 1998
Baubeginn 5. 5. 1999
Bezug der Wohnungen
29. 6. 2000

Architects:
BauSparerHeim Siedlungsgemeinschaft Salzburg

Specialized Engineers:
Team Pongau 3: Spiluttini-Kramer-Burgschwaiger
Erich Six Salzburg

Execution:
Spiluttini, Schwarzach im Pongau
Burgschwaiger, Schwarzach im Pongau

Window construction:
Freisinger, Ebbs in Tirol

Time Frame

Beginning of planning February 1997
Building authorization May 1998
Start of construction July 1999
Apartment move-in 29. 6. 2000

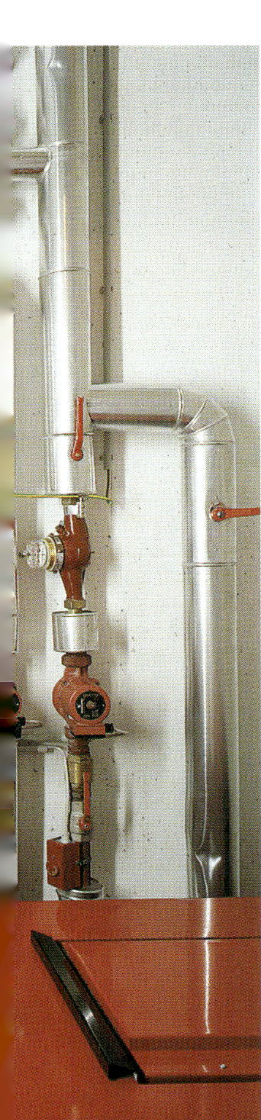

Kuchl

WOHNANLAGE HALLEIN, SALZBURG

Standort und Klima

Die Stadt Hallein mit 20.000 Einwohnern liegt 15 km südlich der Landeshauptstadt Salzburg. Das CEPHEUS Projekt befindet sich im nördlichen Bereich der Altstadt von Hallein (diese ist in ca. 5 min erreichbar) und ist infrastrukturell bestens erschlossen, Bahn- u. Busverbindungen befinden sich in unmittelbarer Nähe.

Die langjährigen Klimamittelwerte liegen bei 8,5°C Außentemperatur, 3.695 Kd und 2.945 Wh/(m²d) mittlere tägliche Globalstrahlung auf horizontaler Fläche.

Baubeschreibung

Die Grundstücksgröße beträgt 3.875 m². im Nordosten verläuft die Westbahnstrecke, südöstlich wird das Grundstück durch den Almbach abgegrenzt, und im südwestlichen Bereich befindet sich der städtische Kindergarten. Die Nähe zur Westbahnstrecke forderte entsprechende Schallschutzmassnahmen.

Die Wohnanlage besteht aus 4 Baukörpern, wobei sich zwei nach Südosten und zwei nach Südwesten orientieren. Sämtliche Wohnungen sind durch Laubengänge erschlossen, die sich außerhalb der wärmedämmenden Hülle befinden. Die verti-

kale Erschließung erfolgt durch zwei Stiegenhäuser, auch diese befinden sich außerhalb der wärmedämmenden Hülle. Insgesamt sind in der Wohnanlage 31 Wohneinheiten untergebracht, alle Wohneinheiten sind mit Balkonen ausgestattet. Diese sind thermisch entkoppelt vorgelagert und dienen in den Sommermonaten als Sonnenschutz.

Die Baukörper wurden in Stahlbeton-Skelettbauweise errichtet. Die Felder zwischen den Stahlbetonscheiben bestehen aus einer Holzausfachung. Die Stahlbetonscheiben sind 18 cm stark, die Geschossdecken haben eine Dicke von 24 cm und wurden ebenfalls in Stahlbeton errichtet. Das Kellergeschoss sowie die Laubengänge und die Stiegenhäuser wurden ausschließlich in Stahlbeton ausgeführt. Die Stahlbeton-außenwände wurden auf 0,16 W/(m²K), die Holzelementaußenwände auf 0,11 W/(m²K) gedämmt.

Lüftungskonzept

Die Wohneinheiten werden dezentral be- und entlüftet, jede Wohneinheit wurde mit einem Lüftungsgerät mit Gegenstromwärmetauscher aus Kunststoff ausgestattet. Die Geräte sind als Wandgeräte ausgeführt und jeweils im Abstellraum der Wohneinheit untergebracht. Die

Apartment Complex Hallein, Salzburg

Location and Climate

With 20,000 residents, the city of Hallein is situated 15 km south of the provincial capital of Salzburg. The CEPHEUS project is located in the northern part of the old town of Hallein (this can be reached in approximately 5 minutes) and has excellent infrastructure connections, rail and bus lines are available in the immediate vicinity.

The long-term climatic averages are 8.5°C out door temperature, 3,695 Kd and 2,945 Wh/(m²d), average solar radiation on a horizontal surface.

Building Description

The property is 3,875 m² in size. The west railroad runs along the northeast side; on the southeast, the property is bordered by the Almbach stream; and the municipal kindergarten is located to the southwest. The proximity to the west railroad required corresponding sound insulation measures.

The apartment complex consists of 4 structures, whereby two are oriented toward the southeast and two toward the southwest. All apartments are connected via covered walkways which are situated outside of the thermally insulated shell. The vertical connection is provided by two stairwells which are also situated outside of the thermally insulated shell. A total of 31 apartment units are located within the apartment complex; all apartment units are equipped with balconies. These are thermally separated and serve as sun protection during the summer months.

The buildings were constructed as reinforced concrete skeleton structures. The fields between the reinforced concrete slabs consist of wooden struts. The reinforced concrete slabs are 18 cm thick, the level ceilings have a thickness of 24 cm and were also constructed of reinforced concrete.

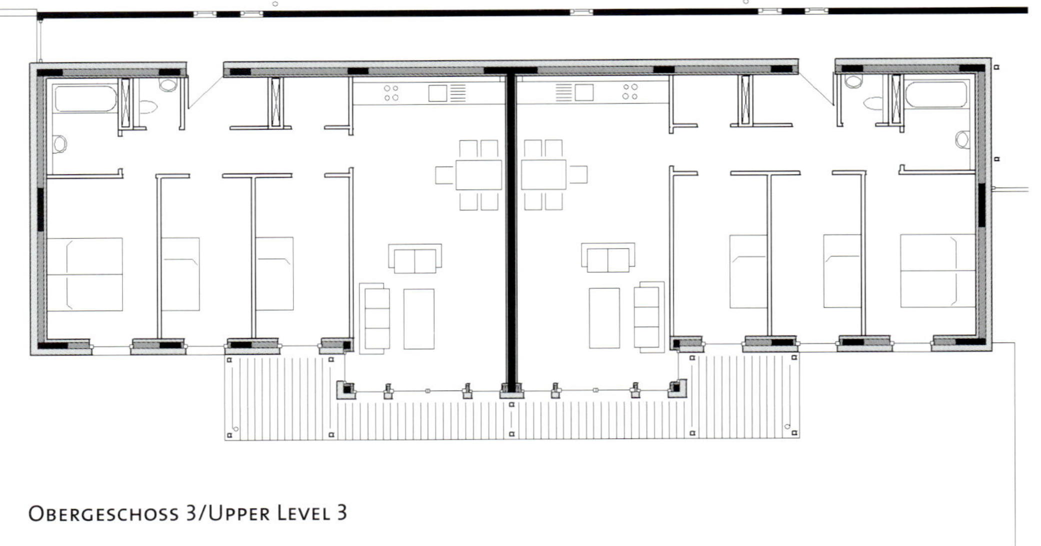

Obergeschoss 3/Upper Level 3

Frischluftansaugung erfolgt über eine Leitung aus dem Freien. Diese Leitungen sind durch den vorgelagerten Laubengang geführt. Die Fortluft wird über das Dach ausgeblasen, wobei jeweils zwei Geräte an einem gemeinsamen Fortluftstrang angeschlossen sind. Die Zuluft wird über ein spezielles Zuluftkanalsystem, welches im Fußbodenaufbau verlegt ist, eingeblasen. Dabei wurden die Bodenzuluftgitter immer unterhalb der Heizflächen angeordnet. Zugerscheinungen können dadurch ausgeschlossen werden. Die Abluft wird über Tellerventile in den Abluftzonen abgesaugt.

Als Zuluftzonen sind die Wohnbereiche, Schlaf- u. Kinderzimmer vorgesehen. Die Sanitärbereiche

The cellar level and the covered walkways and stairwells were designed solely of reinforced concrete. The reinforced concrete exterior walls were insulated to 0.16 W/(m²K); the wood element exterior walls were insulated to 0.11 W/(m²K).

Ventilation Concept

The apartment units have decentralized ventilation; every apartment unit was equipped with a countercurrent heat exchanger made of plastic. The devices are designed as wall units and are each installed in the store room of the apartment unit. The fresh air is drawn in from outside via a pipeline. These lines run through the covered walkway in front of the apartment units. The escaping air is blown out over the roof, whereby two devices are connected to each escaping air line. The supply air is blown in through a special supply air duct system which is laid in the floor structure. In this system, the floor supply air grates were always positioned beneath the heating

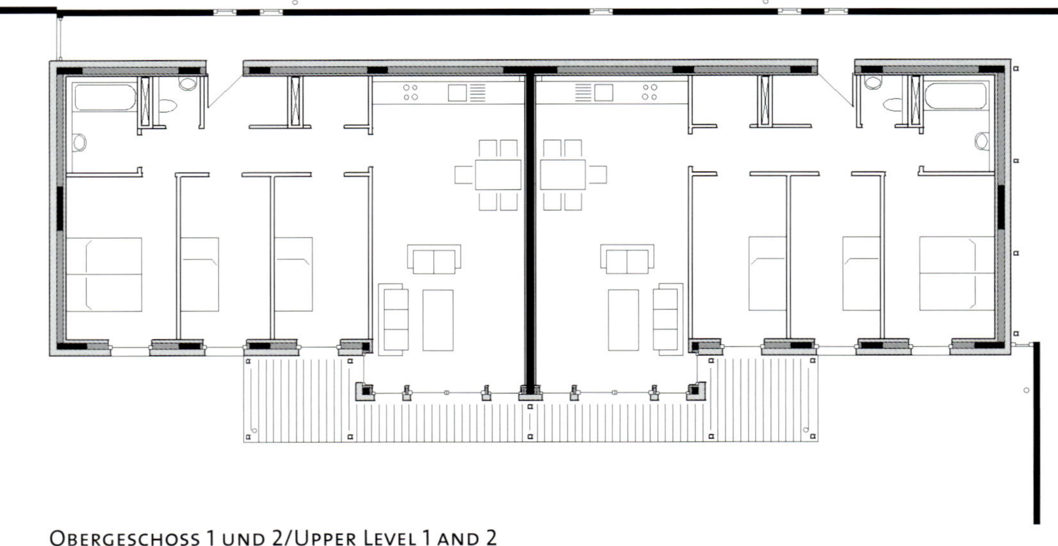

Obergeschoss 1 und 2/Upper Level 1 and 2

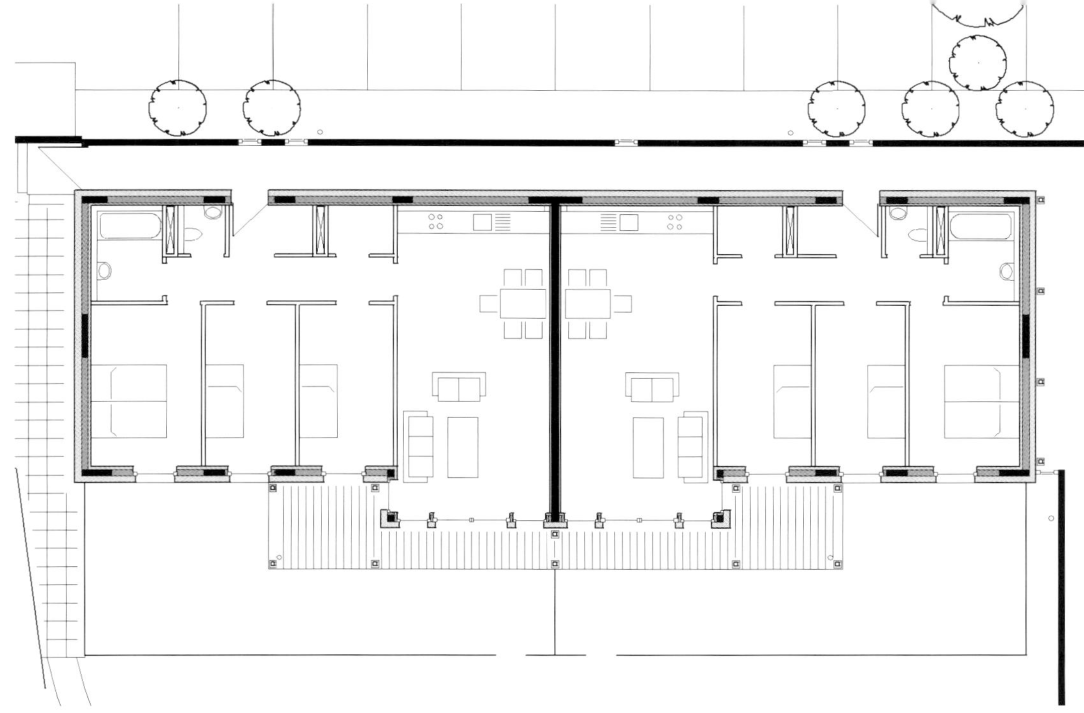

und die Küche bilden die Abluftzonen. Als Überströmzonen wurden die Vorbereiche herangezogen. In die Türen wurden keine zusätzlichen Überströmöffnungen montiert. Die Überströmung erfolgt durch den Schwellenbereich, durch Schlitze zwischen Türblatt und Fußboden. Da jede Wohneinheit mit einem eigenen Lüftungs-

surfaces. This prevents drafts. The exhaust air is sucked into the exhaust zones by disk valves. The living areas, bedrooms and nursery are the supply air zones. The sanitary areas and kitchen are the exhaust zones. The hallways are used as overflow zones. No additional overflow openings are installed in the doors. The overflow takes

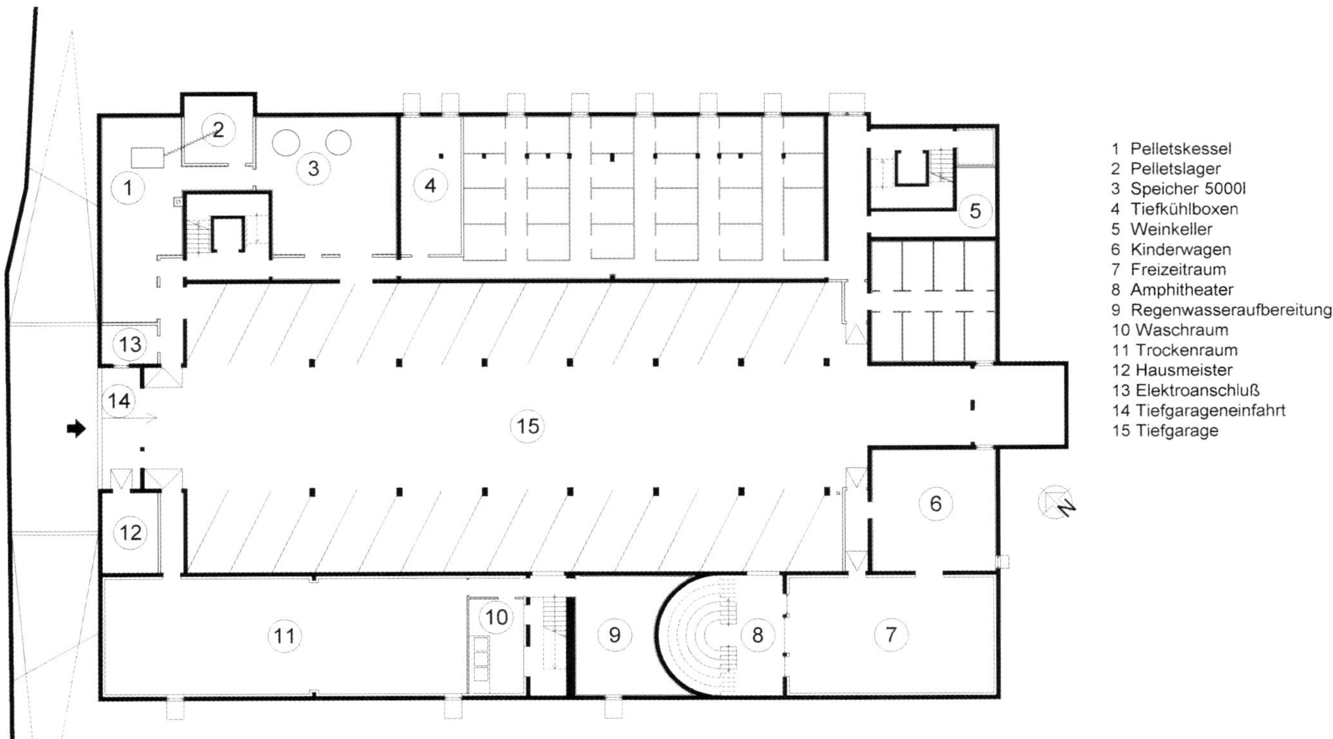

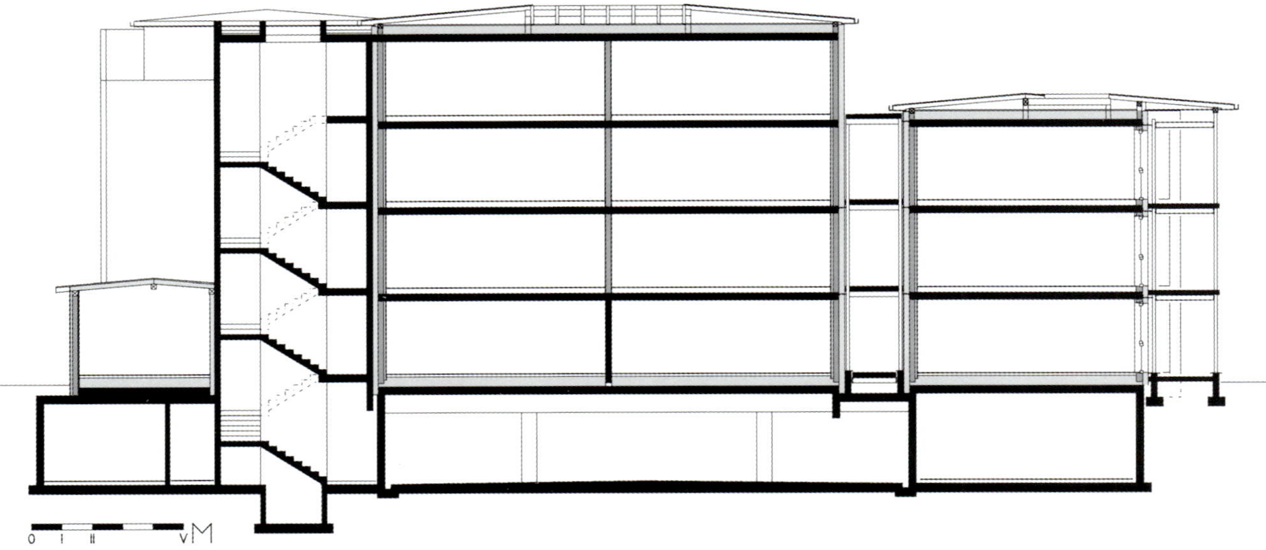

gerät ausgestattet wurde, ist eine wohnungsweise Steuerung der Lüftungsanlage unkompliziert. Auf eine Nachheizung kann aufgrund der Anlagenkonzeption verzichtet werden, d.h. die Steuerung der Abluftmenge erfolgt über einen 3-Stufen-Schalter, welcher im Abstellraum untergebracht wurde. Es wird zwischen Grundbetrieb, Dauerbetrieb und erhöhtem Lüftungsbedarf (z.B. durch Rauchen) unterschieden.

Raumwärmeversorgung

Im Projekt Hallein wurde nicht auf die Möglichkeit der Beheizung über das Lüftungssystem zurückgegriffen, weil der Bauträger befürchtete, dass dies von den Kunden nicht akzeptiert wird. Als Wärmeverteilung dient ein konventionelles Zweirohrsystem. Vom Wohnungsverteiler werden die einzelnen Heizkörper versorgt. Zur Abdeckung des Wärmebedarfs wurde im Kellergeschoss eine mit Pellets befeuerte Kesselanlage untergebracht. Über diese Kesselanlage wird Brauchwarmwasser mit einer maximalen Vorlauftemperatur von 50°C bereit gestellt. Die Warmwasserbereitung erfolgt in erster Linie über die Solaranlage, erst eine eventuell erforderliche Nachheizung erfolgt über die Kesselanlage.

Für die Warmwasserbereitung wurde eine zentrale Lösung gewählt. In der Technikzentrale wurde

place in the threshold area through slits between the door panel and the floor. Every apartment unit is equipped with its own ventilation device, making it simple to control the ventilation units for each apartment separately. Supplemental heating is not required due to the system design; that is, the exhaust flow is controlled by a three-level switch installed in the store room. The three modes are basic operation, sustained operation and increased ventilation requirement (e.g. due to smoking).

Room Heat Supply

In the Hallein project, the option of heating via the ventilation system was not utilized because the building promoter was

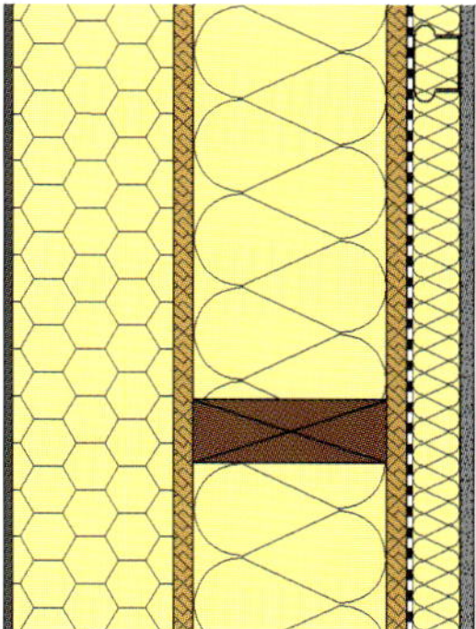

Außen / kalt	
Kunstharzputz	0,7 cm
Polystyrol HSEPS-F	15,0 cm
OSB-Paneel	1,8 cm
Riegel / Mineralwolle	6/18
OSB-Paneel	1,8 cm
LPDE-Folie	-----
Federn / Mineralwolle	5,0 cm
Gipskartonplatte	1,25 cm
Innen / warm	

ein 2.000 Liter fassender Warmwasserspeicher aufgestellt. Dieser Warmwasserbereiter wird über zwei Pufferspeicher mit einem Gesamtvolumen von 5.000 Liter gespeist. Die Pufferspeicher werden über eine Solaranlage mit einem Schichtladesystem erwärmt. Der restliche Energiebedarf wird über den Pelletkessel zugeführt. Zusätzlich kann der Warmwasserspeicher mit der Abwärme aus der zentralen Tiefkühlschrankanlage mit Energie versorgt werden. Die Zirkulationsleitungen sind mit thermostatischen Zirkulationsreglern ausgestattet. Die Abrechnung der Verbräuche erfolgt über Warmwasserzähler, welche gemeinsam mit den Kaltwasserzählern in einem Unterputzmontageblock untergebracht sind. Beide Zähler sind,

afraid that the customers might not accept this. A conventional two-pipe system is used for heat distribution. The individual heating elements are supplied from the apartment distributor. To cover the heat requirement, a pellet-fed boiler system was installed in the cellar. Warm water with a maximum flow temperature of 50°C is provided by this boiler system. The warm water preparation is primarily performed by the solar system; this boiler system is only utilized in the event that additional heating is required.

A central solution was selected for the warm water preparation. A 2,000 liter warm water tank was set up in a central technical room. This warm water generator is fed by two storage tanks with a total volume of 5,000 liters. The storage tanks are heated by a solar system via a layer charging system. The remaining required energy is provided by the pellet boiler. In addition, the warm water tank can also be supplied with energy from the dissipated heat of the central freezer system. The circulation lines are equipped with thermostatic circulation regulators. A warm water meter records the quantities consumed; this is installed along with the cold water meters in a flush installation block. Both meters are connected to an M-bus system, just like the heat meters.

A 107 m² solar collector field (gross area) is positioned on the roof. The net absorber area is 93 m², the solar yield is stored in two 2,500 liter storage tanks.

wie die Heizungszäh-
ler, an einem M-Bus-
System angeschlossen.
Auf dem Dach wurde
ein 107 m² großes Kol-
lektorfeld aufgestän-
dert (Bruttofläche). Der
Nettoabsorber beträgt
93 m², die Solarge-
winne werden in zwei
2.500 Liter fassenden
Pufferspeichern ge-
speichert.
Messergebnisse für das
Projekt in Hallein lie-
gen wegen Verzöge-
rungen bei der Instal-
lation und Inbetrieb-
nahme des Messpro-
jektes nur für einen Teil
der Heizperiode vor.
Eine aussagekräftige
Auswertung ist wegen
der Kürze des gemesse-
nen Zeitraums noch
nicht möglich.

Besonderheiten

Um auf das Gefrierfach
in Kombination mit
den Kühlschränken in
den einzelnen Woh-
nungen ganz verzich-

Dach   **U = 0,11 W/(m²K)**

Außen / kalt

Walzblech	-----
Dachpappe	-----
Rauhschalung	2,4 cm
Sparren	10/14

Luftraum / hinterlüftet

Holzwolle-Leichtbau-Platte	3,5 cm
Polystyrol	30,0 cm
Stahlbetondecke	24,0 cm
Gipsputz	1,0 cm

Innen / warm

Kellerdecke   **U = 0,11 W/(m²K)**

Innen / warm

Parkett	1,2 cm
Estrich	6,0 cm
LDPE-Folie	-----
Trittschalldämmung	2,0 cm
Polystyrol-Beton	10,0 cm
Baupapier	-----
Polystyrol-Hartschaum	24,0 cm
Stahlbetondecke	26,0 cm

Keller / unbeheizt

ten zu können, wurde im Keller ein Raum mit 31 Tiefkühlschränken eingeplant. Diese Tiefkühl-boxen (jede Box hat ein Fassungsvermögen von 210 Liter) werden von einem zentralen Kühl-aggregat betrieben. Die gewonnene Abwärme (ca. 4,5 kWh bei Vollbelegung der Tiefkühlboxen) wird in den Trockenraum (146 m²) transportiert und gewährleistet damit eine konstante Temperatur von ca. 19°C. Um den relativ hohen Luftfeuchtegehalt auf ein Niveau von ca. 55 % zu bringen, wurde ein Fortluftventilator, ausgestat-tet mit einem Feuchtefühler, sowie ein Frischluftventilator installiert. Weiters sind die

Measurement results for the project in Hallein are only available for part of the heating period due to delays in the installation and start-up of the measurement project. Due to the short dura-tion of the measurements, no meaningful eva-luation is possible.

Special Features

In order to completely do away with the freezer section in the refrigerators of the individual apartments, 31 freezer units were installed in a room in the cellar. These freezer chests (each

im benachbarten Raum befindlichen Wasch-maschinen mit einem Warmwasseranschluss ausgestattet.

chest has a utilizable volume of 210 liters) opera-te based on a central cooling unit. The collected waste heat (approx. 4.5 kWh when the freezer

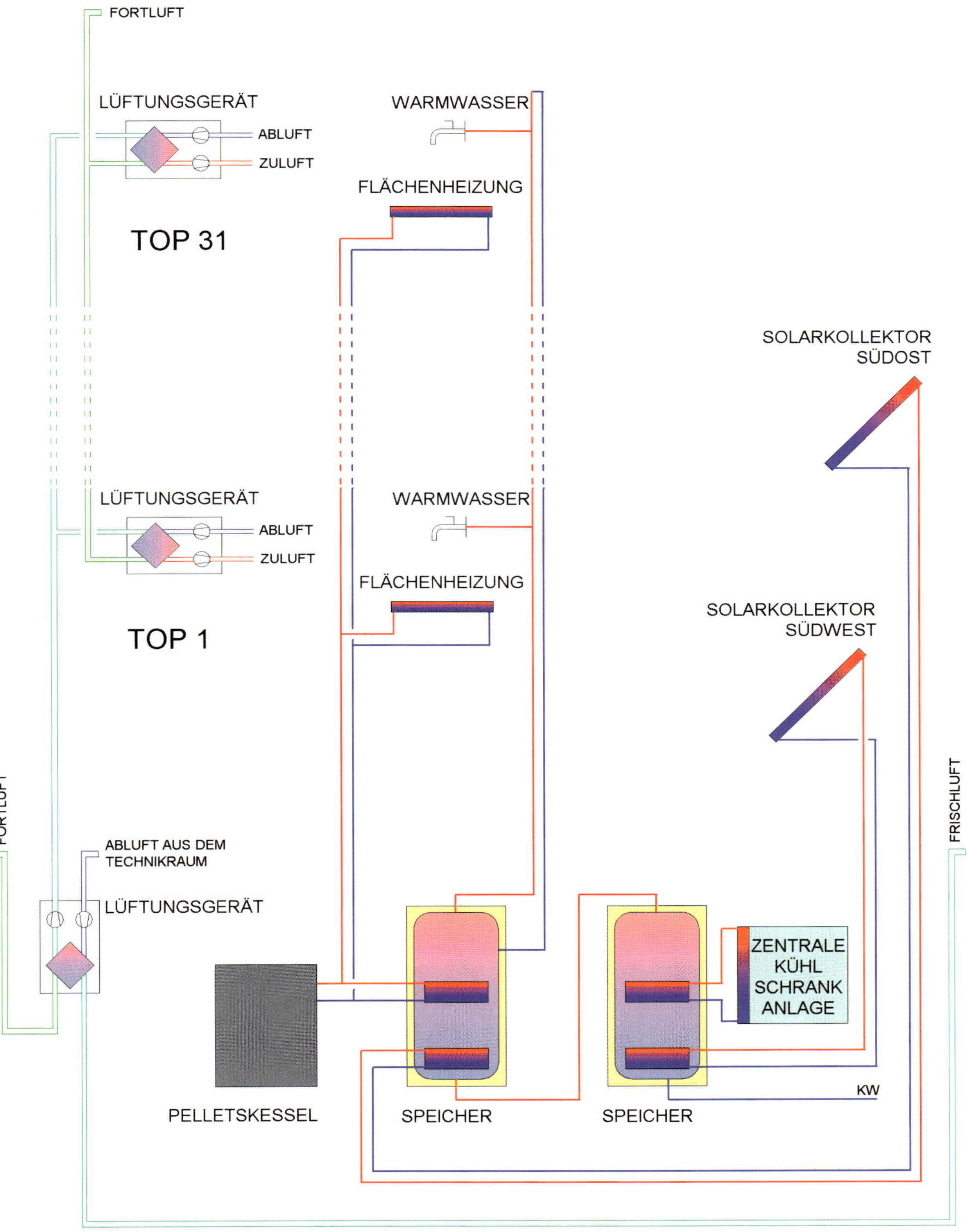

Das Projekt wurde mit einer Regenwasser-nutzungsanlage ausgestattet. Aus der zentralen Speicheranlage werden die WC-Spülkästen und die Außenanlagenbewässerung versorgt.

Kosten

Bauwerkskosten: 1.323 Euro pro m² bzw. 98.931 Euro pro Wohneinheit

Beteiligte

Architekt:
Otmar Essl, Hallein

Bauphysik:
Zivilingenieur-ARGE Lukas, Fischer, Salzburg-Wals

Haustechnik:
Ingenieurbüro Pusterhofer, Fürstenbrunn

chests are fully loaded) is transported to the dry room (146 m²) and thereby guarantees a constant temperature of approximately 19°C. To bring the relatively high air humidity down to a level of approximately 55 %, an escaping air fan was equipped with a humidity sensor and a fresh air fan was installed. In addition, the washing machines located in the neighboring room were equipped with a warm water connection.

The project was equipped with a rain water utilization system. The toilet rinsing boxes and the grounds watering system are supplied with water from the central storage system.

Costs

Building costs: 1,323 Euro per m² or 98,931 Euro per apartment unit

Elektrotechnik:
Zuchna – Taferner, Salzburg

Generalunternehmer:
Spiluttini – Dorrer, Bruck an der Glocknerstraße

Zeitlicher Rahmen
Planungsbeginn: Sommer 1998
Baubeginn: Oktober 1999
Übergabe an die Wohnungseigentümer:
Dezember 2000

Participants
Architect:
Otmar Essl, Hallein

Building physics:
Zivilingenieur-ARGE Lukas, Fischer, Salzburg-Wals

Building services:
Ingenieurbüro Pusterhofer, Fürstenbrunn

Electrical installation:
Zuchna – Taferner, Salzburg

General contractor:
Spiluttini – Dorrer, Bruck an der Glocknerstraße

Time Frame
Start of planning: Summer 1998
Start of construction: October 1999
Transfer to the Apartment owners:
December 2000

Standort und Klima

Steyr ist eine Stadt mit rund 40.000 Einwohnern, sie liegt im Bundesland Oberösterreich ca. 42 km südöstlich der Landeshauptstadt Linz. Der Standort der Passivhäuser ist Dietach, ein in der Nähe des Flusses Enns gelegener Vorort von Steyr. Das lokale Klima wird von den Menschen der Gegend als nebliger und windiger als in Steyr beschrieben.

Die langjährigen Mittelwerte der wichtigsten Klimadaten sind 8,6°C mittlere Außentemperatur, 3.690 Kd und eine mittlere tägliche Globalstrahlung auf die Horizontalfläche von 2.865 Wh/(m²d)

Baubeschreibung

Die drei Reihenhäuser wurden von einem örtlich ansässigen Bauunternehmen in architektonisch herkömmlichem Stil errichtet. Man setzte sich als Ziel, einen konventiellen, gut verkaufbaren Reihenhaustyp mit Satteldach zu einem Passivhaus umzuplanen. Das Gebäude ist nach Südwesten orientiert (27° Abweichung von Süd) und, wie in Oberösterreich üblich, voll unterkellert. Der Keller ist wasserdicht ausgeführt. Die Kellerzugänge liegen außerhalb der thermischen Hülle in Windfängen, die dem Eingangsbereich vorgelagert sind. Der Technikraum befindet sich im Kellergeschoss direkt unter den Nassräumen, wodurch kurze Rohrleitungen ermöglicht wurden.

Location and Climate

Steyr is a city with approximately 40,000 residents, located in the province of Upper Austria about 42 km southeast of the Provincial Capital of Linz. The passive houses are located in Dietach, a suburb of Steyr located near the river Enns. The local climate is described by the residents of the area as mistier and windier than in Steyr.

The long-term averages for the most important climatic data are 8.6°C average outside temperature, 3,690 Kd and an average daily solar radiation on a horizontal surface of 2,865 Wh/(m²d).

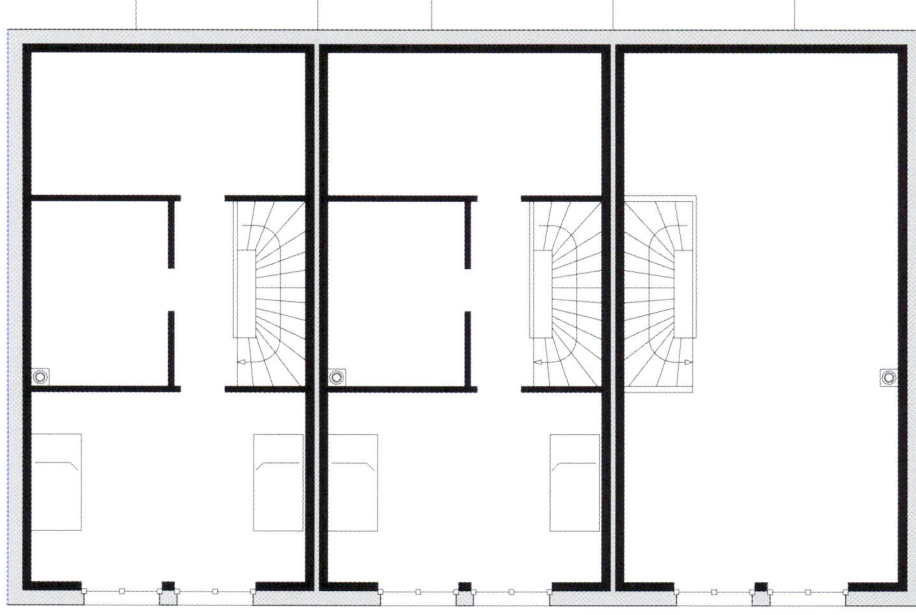

DACHGESCHOSS/ATTIC LEVEL

Um die passivsolaren Gewinne zu erhöhen, wurde die nach Süden ausgerichtete Fensterfläche vergrößert und durch einen zusätzlichen Gaupenausbau im Dachgeschoss erweitert. Die Wohnfläche innerhalb der thermischen Hülle beträgt ca. 160 m². Die Wohneinheiten erstrecken sich über

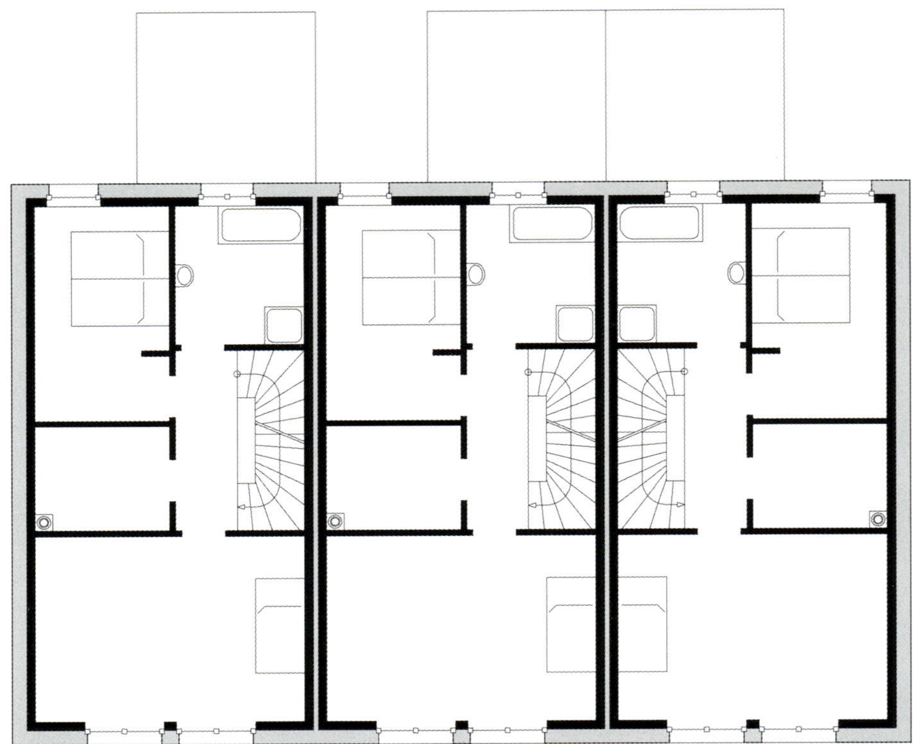

Building Description

The three terraced houses were constructed in a typical architectural style by a local construction company. The goal was to convert the design of a conventionally easily sellable terraced house type with gabled roof into a passive house. The building is oriented toward the southwest (27° deviation from south) and, as is typical in Upper Austria, has a full-sized cellar. The cellar is designed to be water-tight. The cellar entrances are situated outside of the thermally insulated shell in wind enclosures situated in front of the house entries. The technical rooms are located in the cellar

drei Ebenen, die Erschließung der Stockwerke erfolgt innerhalb der Wohnungen.

Das Gebäude wurde in Massivbauweise errichtet. Die Außenwände sind mit Kalk-Sandstein gemauert und mit einem Wärmedämmverbundsystem verkleidet.

Die Haustrennwände bestehen aus zwei Kalk-Sandsteinwänden. Die Decken sind aus Stahlbeton. Das Dach ist wie alle anderen Bauteile der Gebäudehülle hoch wärmegedämmt.

Die Abbildung des Schnittes durch die Haustrennwand zeigt, dass die beiden Trennwände aus Kalk-Sandstein durch eine 10 cm mit Polystyrol gedämmte Fuge getrennt sind. Zur Minimierung der

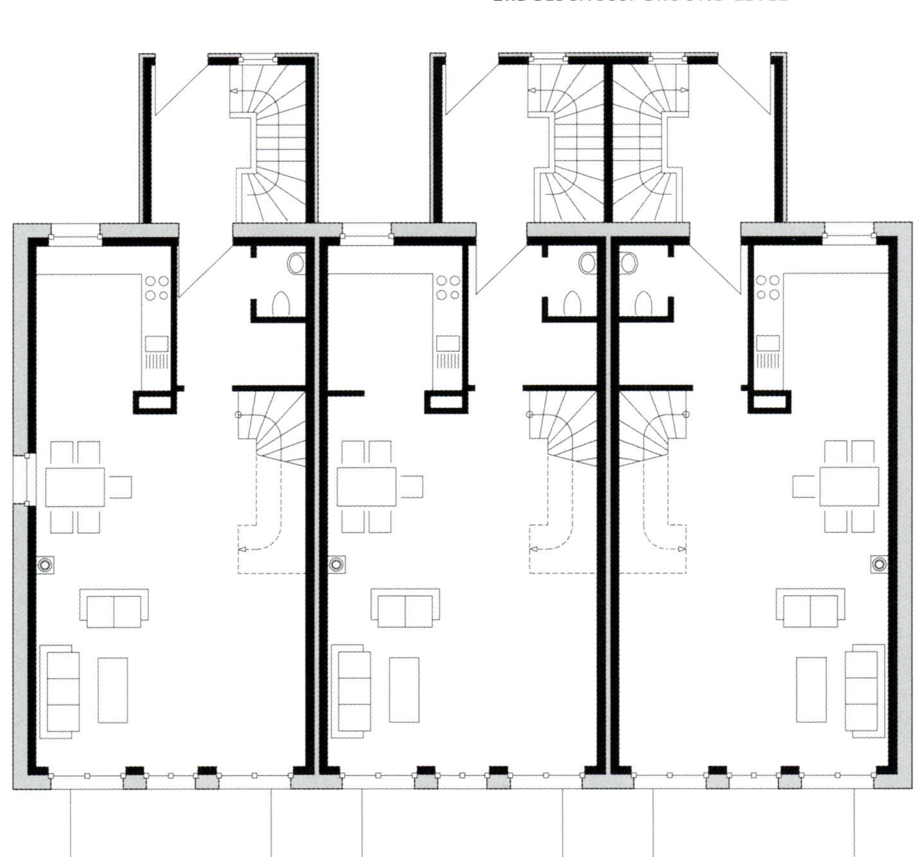

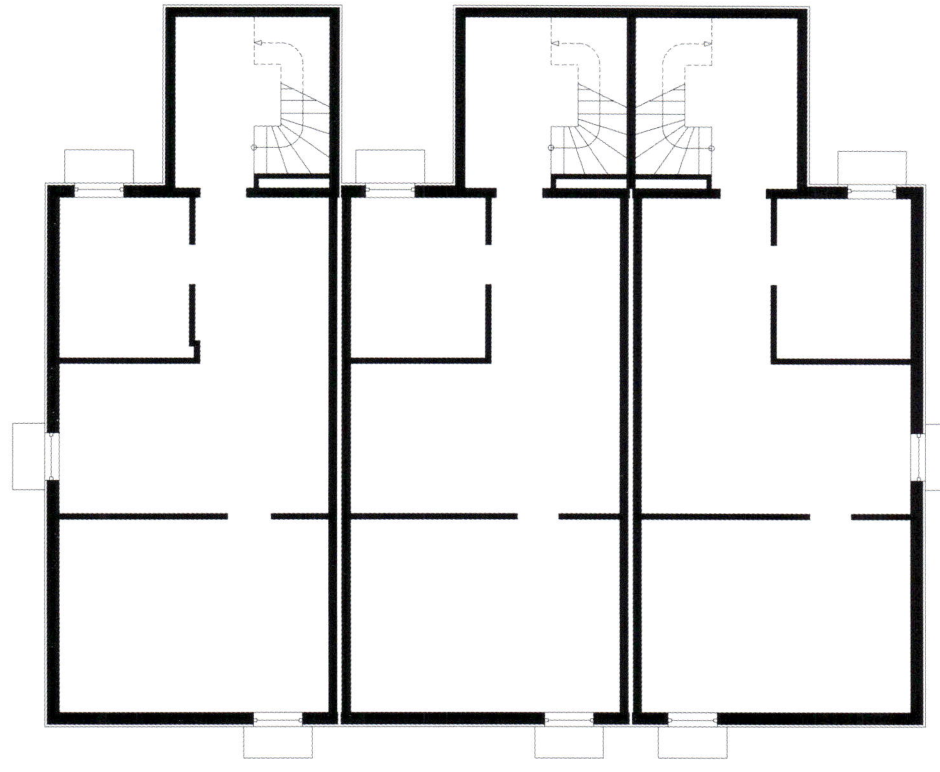

directly below the wet rooms, which allows for short pipelines.
In order to increase the passive solar yield, the south-facing windows were enlarged and expanded on the attic level with an additional dormer window. The living area within the thermal shell is approximately 160 m². The apartment units consist of three levels, connected within the apartments. The building was built with the solid construction method.

Wärmebrücke am Fußpunkt stehen die Kalk-Sandsteinwände auf 9 cm hohen Schaumglasstreifen. Aus Brandschutzgründen ist die Dämmung an der Mauerkrone als Schaumglas ausgeführt, über diesen Schaumglaselementen

The exterior walls are lime-sandstone masonry and paneled with an integrated heat insulation system. The walls separating the houses consist of two lime-sandstone walls. The ceilings are made of reinforced concrete. The roof is highly thermally insulated, as with all the other components of the building shell.
The diagram of the hole cut in the house-separating wall shows that both separating lime-sandstone walls are separated by a 10 cm joint insu-

Kellerdecke

U = 0,12 W/(m²K)

Innen / warm	
Bodenbelag	2,0 cm
Estrich	5,0 cm
Folie	-----
expandiertes Polystyrol	30,0 cm
Beschüttung	3,0 cm
Stahlbeton-Decke	24,0 cm
Putz	1,0 cm
Keller / kalt	

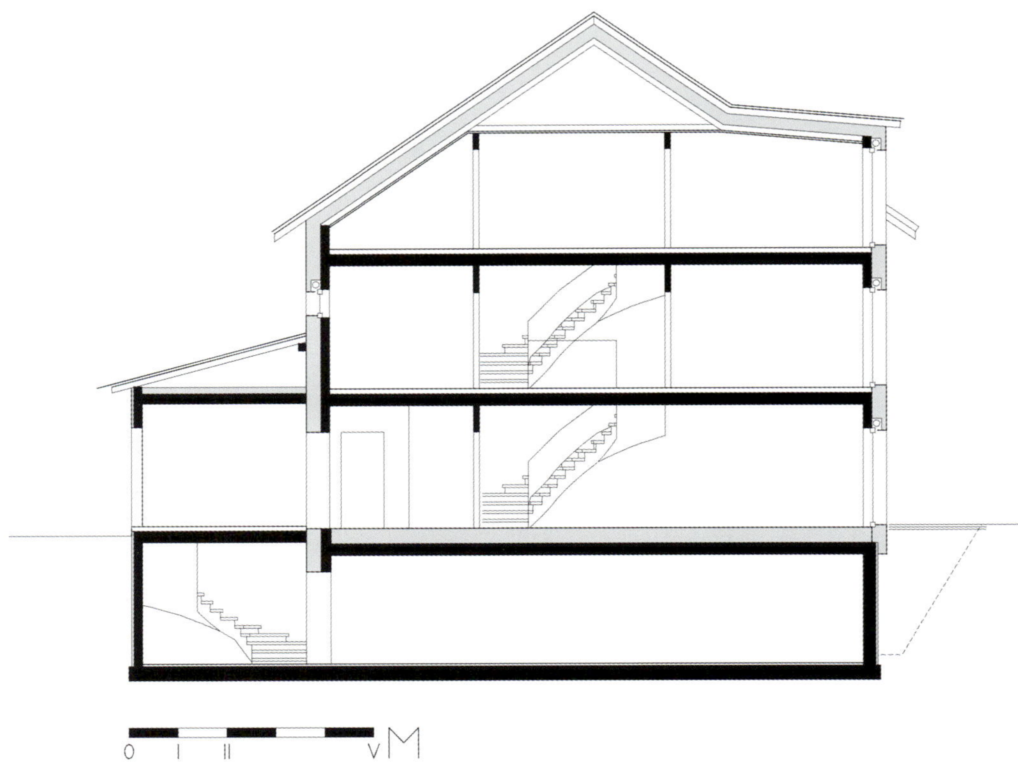

lated with polystyrene. To minimize the thermal bridges at the base, the limesandstone walls are seated on 9 cm high foam glass strips. For reasons of fire protection, the insulation at the top of the wall is foam glass; above these foam glass elements, the top of the wall runs up over the roof for fore protection reasons.

Ventilation Concept

Each of the three apartment units has a ventilation system with heat recovery, the fresh air for

werden die Mauerkronen ebenfalls aus Brandschutzgründen bis über das Dach geführt.

Lüftungskonzept

Jede der drei Wohneinheiten verfügt über eine Lüftungsanlage mit Wärmerückgewinnung, die Frischluft der beiden Randhäuser wird in Erdwärmetauschern vorkonditioniert. Zulufträume sind alle Aufenthaltsräume, Überströmzonen sind Gang- und Treppenhaus, die Abluftzonen sind Badezimmer, Toilette und Abstellräume.

Erdwärmetauscher

Die Häuser 1 und 3 verfügen über Erdreichwärmetauscher. Das Mittelhaus hat keinen Erdreichwärmetauscher. Da die Reihenhäuser parzelliert sind, hätte dieser für das Mittelhaus unter der Bodenplatte verlegt werden müssen. Die damit verbundenen Aufwendungen, vor allem hinsichtlich der Zugänglichkeit und der Kondensatableitung, haben

die Planer zum Verzicht auf die Luftvorwärmung bewogen. Die Frostfreihaltung der Fortluft für das Mittelhaus erfolgt durch eine elektrische Erwärmung der Außenluft vor dem Wärmeüberträger.

Warmwasserversorgung

Die Warmwasserversorgung erfolgt über eine thermische Solaranlage, die Deckung des Restbedarfs mittels Gasbrennwertkesseltherme (3 bis 15 kW), hohe Leistungsstufe zur Erwärmung des Warmwasserspeichers, geringe Leistung bei Heizwärmebedarf. Die Gasbrennwerttherme und der Sonnenkollektor erwärmen das kalte Frischwasser in einem Tank mit 390 l Füllmenge. Der Gasbrennwert-

therme steht dazu ein Wärmetauscher im oberen Bereich zur Verfügung. Dieser Bereich umfasst ca. 150 l. Der Wärmetauscher für den Sonnenkollektor ist unten angebracht. Die Wasserverteilung erfolgt ohne Zirkulationsleitung in einer mit Alu kaschierten, steinwollegedämmten Wasserleitung (im kalten Bereich 5 cm, sonst 2 cm). Der Boiler ist werkseitig mit 10 cm Polyurethan Hartschaum gedämmt. Das entspricht nicht den Empfehlungen für Passivhäuser. Eine zusätzliche bauseitige Wärmedämmung wurde nicht durchgeführt.

Dach   U = 0,09 W/(m²K)

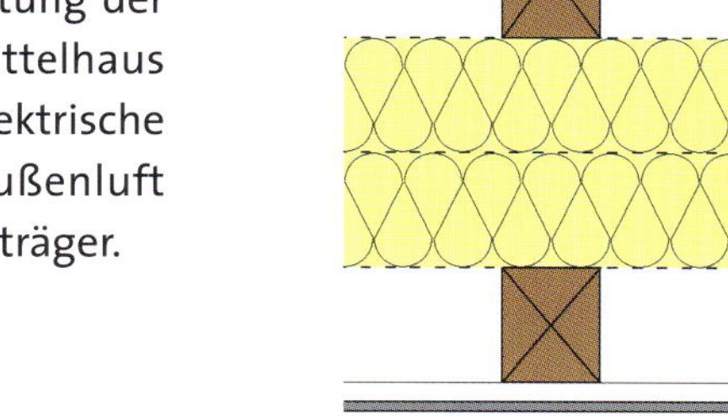

Außen / kalt	
Dachsteine	
Lattung	3/5
Konterlattung	3/5
Hinterlüftung	
Dachpappe	2,4 cm
Sparren	10/14
Dämmung, Alu-kaschiert	2x 12,0 cm
Stösse abgeklebt	
Sparren	10/12
Lattung	2,4 cm
Gipskarton	1,5 cm
Innen / warm	

Außenwand   U = 0,13 W/(m²K)

Außen / kalt	
Außenputz	1,0 cm
expandiertes Polystyrol	30,0 cm
Kalksandstein	17,5 cm
Innen / warm	

the two outside houses is pre-conditioned in ground heat exchangers. The supply air rooms are all the living areas, the overflow zones are the hallway and stairwell, the exhaust zones are the bathrooms, toilet and store rooms.

Ground Heat Exchanger

Houses 1 and 3 have ground heat exchangers. The center house does not have a ground heat exchanger. Because the terraced houses are parceled, an exchanger for the center house would have to have been laid under the bearing slab. The associated difficulties, particularly with regard to the accessibility of the condensation drain led the planner to decide against the air pre-heating. Electrical heating of the outside air in front of the heat exchanger ensures that the escaping air of the center house has free passage.

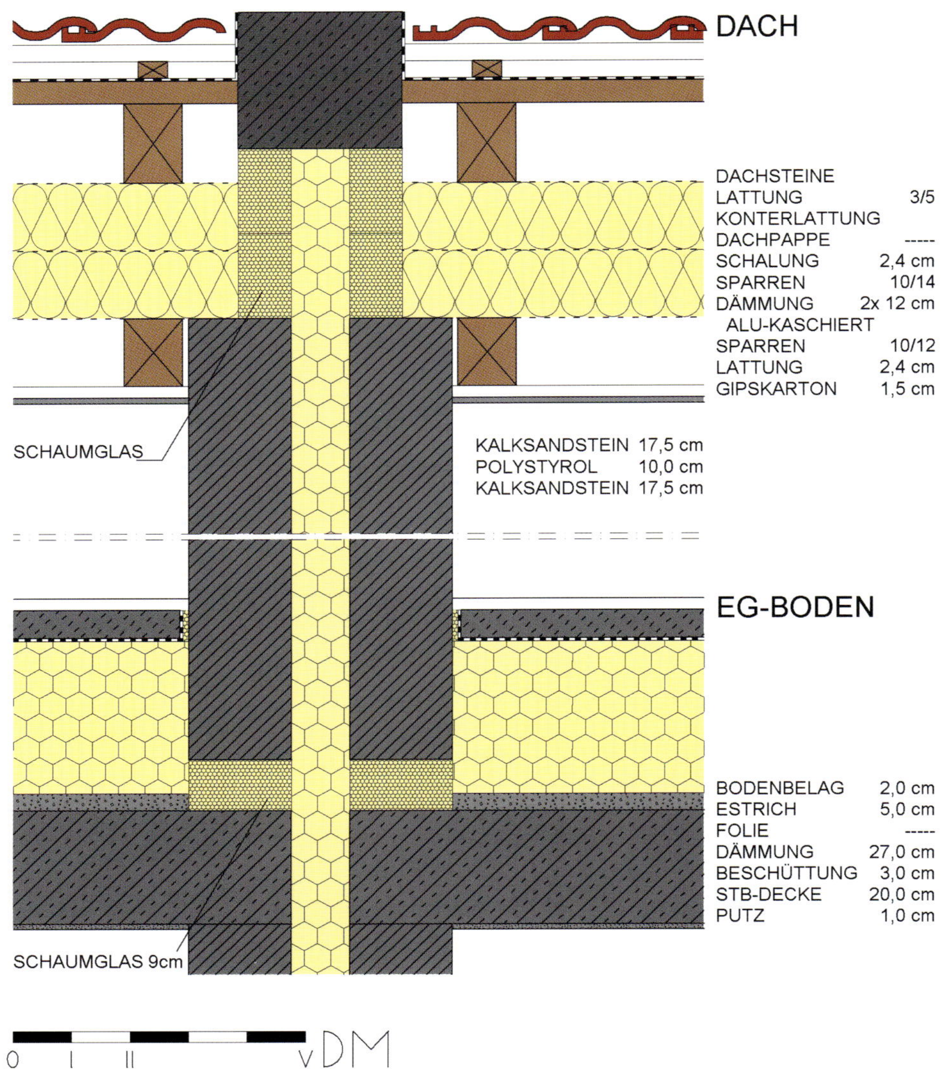

Warm Water Supply

The warm water supply is provided by a thermal solar system; the remaining demand is covered by a natural gas condensing boiler (3 – 15 kW), high output level for heating the warm water tank, low output for heating warmth generation. The condensing boiler and the solar collector heat the cold fresh water in a tank which holds 390 liters. A heat exchanger is available to the condensing boiler in the upper part. This area encompasses approximately 150 liters. The heat exchanger for the solar collector is installed below. The water distribution takes place without circulation lines in a stone wool insulated water line covered with aluminum. (in the cold area 5 cm, otherwise 2 cm). The boiler is factory insulated

Besonderheiten

Das oberösterreichische Baugesetz schreibt zwingend einen Notkamin vor. Dieser sollte eigentlich bis in den Keller geführt werden. Weil es sich um ein Passivhaus handelt, konnte wenigstens erreicht werden, dass der Kamin nicht bis in den Keller geführt werden muss, sondern im Erdgeschoss enden darf. Er wurde auf eine Schaumglasplatte wärmebrückenfrei aufgestellt. Die mit dem Notkamin verbundenen Wärmeverluste durch Luftzirkulation im Kamin müssen hingenommen werden.

Nach Inbetriebnahme der Heiz- u. Solaranlage wurde bei Sichtung der Messdaten festgestellt, dass der Wärmeeintrag in den Speicher unge-

wöhnlich größer ist als die aus dem Speicher entnommene Wärmemenge. Als Ursache wurde festgestellt, dass im ganzen System weder in der Heizleitung noch im Primärkreislauf der Solaranlage Rückschlag-

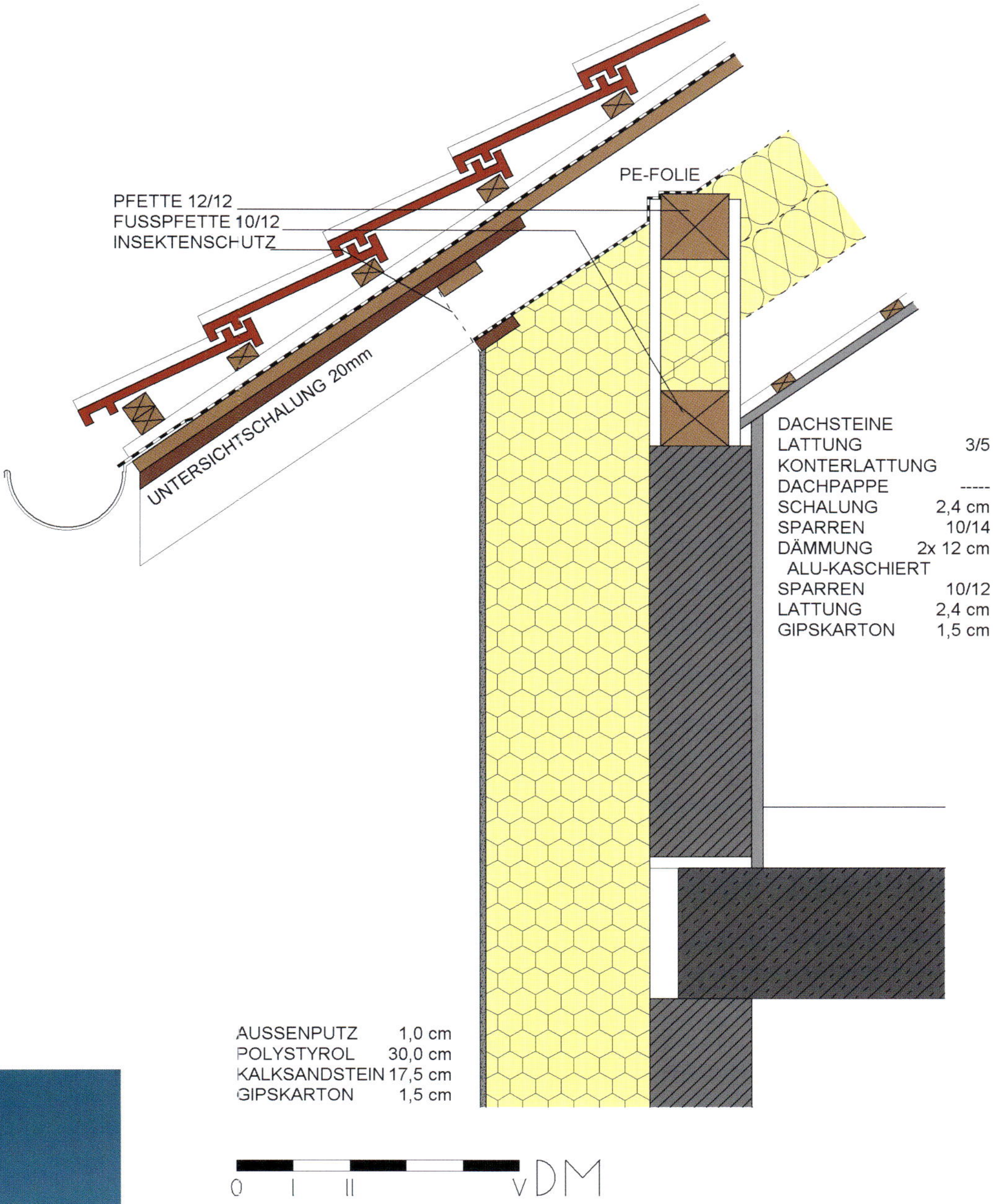

with 10 cm polyurethane HR foam. This does not meet the recommendations for passive houses. An additional thermal insulation was not provided.

Special Features

The Upper Austrian construction law requires an emergency chimney. This should actually run down into the cellar. Because the building is a passive house, it was possible to at least run the chimney only to the ground floor and not into the cellar. It was installed free of thermal bridges

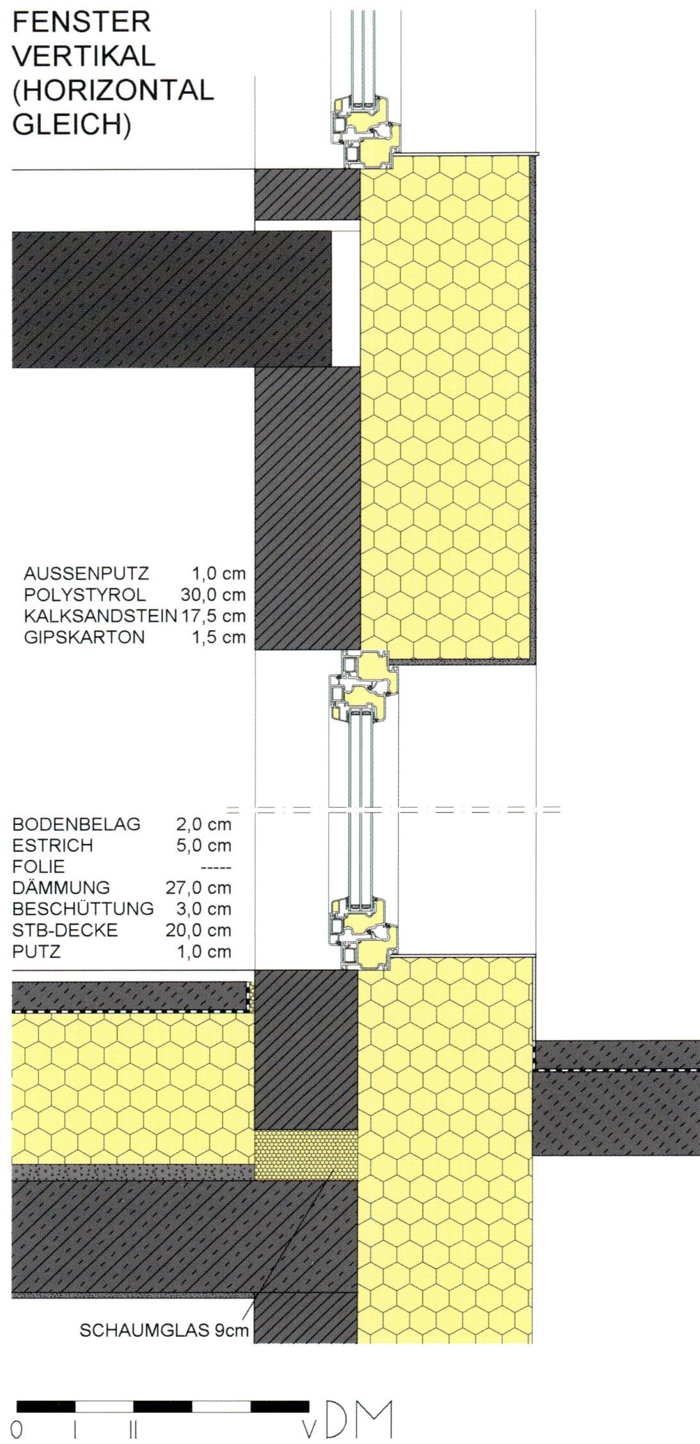

on a foam glass panel. The heat losses associated with the emergency chimney due to air circulation in the chimney must be accepted.

After start-up of the heating and solar system, inspection of the measurement data showed that the heat introduced into the tank was unusually higher than the quantity of heat removed from the tank. The cause for this was determined to be the fact that nonreturn valves had not been installed anywhere in the entire system, neither in the heating line nor in the primarily circuit of the solar system. This fault was corrected after being discovered. Without the inspection of measurement data, this fault would probably never have been discovered. It is worrisome that numerous installed solar systems may have this fault.

Costs

Building costs: 1,019 Euro per m² or 158,609 Euro per apartment unit

Participants

Building owner:
Procon Gesellschaft für Dorf- u. Regionalentwicklung

Architect:
Baumeister Ing. Ganglberger

klappen montiert wurden. Dieser Mangel wurde nach Feststellung behoben. Ohne die messtechnische Untersuchung wäre dieser Mangel vermutlich nie entdeckt worden. Es ist zu befürchten, dass zahlreiche installierte Solaranlagen diesen Mangel aufweisen.

Master builder:
Ing. Christian Bammer, CB-Bau GmbH, Kirchham

Fitter:
Krieger, Pauzenberger Installationstechnik GmbH

Kosten

Bauwerkskosten: 1.019 Euro pro m² bzw. 158.609 Euro pro Wohneinheit

Beteiligte

Bauherr:
Procon Gesellschaft für Dorf- u. Regionalentwicklung

Architekt:
Baumeister Ing. Ganglberger

Ausführender Baumeister:
Ing. Christian Bammer, CB-Bau GmbH, Kirchham

Installateur:
Krieger, Pauzenberger Installationstechnik GmbH

Technische Gebäude-Ausstattung, -Planung:
Energieinstitut Linz

Bauphysik und dynamische Gebäudesimulation:
Energieinstitut Linz

Bauüberwachung:
Energieinstitut Linz

Zeitlicher Rahmen

Baugenehmigung:
Februar 1999

Baubeginn:
September 1999

Fertigstellung u. Bezug Haus 1 und 3:
Februar 2000

Bezug Haus 2:
November 2000

Technical building equipment, planning:
Energieinstitut Linz

Building physics and dynamic building simulation:
Energieinstitut Linz

Construction supervision:
Energieinstitut Linz

Time Frame

Construction approval:	February 1999
Start of construction:	September 1999
Completion and move-in houses 1 and 3:	February 2000
Move-in house 2:	November 2000

REIHENHÄUSER HÖRBRANZ, VORARLBERG

Standort und Klima

Der Bevölkerungszahl nach ist Vorarlberg das zweitkleinste, der Fläche nach das kleinste Bundesland Österreichs. Im Norden des Bundeslandes, ca. 10 km von Bregenz entfernt, liegt Hörbranz, eine Gemeinde mit 5.600 Einwohnern. Im Gemeindeteil Herrenmühle befindet sich das Grundstück, auf welchem die Reihenhausanlage mit 3 Passivhäusern errichtet wurde. Im Umfeld befinden sich hauptsächlich große, frei stehende Einfamilienhäuser. Eine Bauherrengruppe aus drei Familien hat sich mit der Absicht zusammengefunden, gemeinsam eine Reihenhausanlage in Passivhausqualität zu bauen. Auf dem 1.120 m² großen Grundstück wurde der Reihenhausbaukörper so konzipiert, dass der Grundstücksanteil aller drei Häuser gleich groß ist.

Die langjährigen Mittelwerte der Klimadaten ergeben für die mittlere Außentemperatur 9,1°C, für die Heizgradtage 3.506 Kd und für die mittlere tägliche Globalstrahlung auf horizontaler Fläche 2.945 Wh/(m²d).

Baubeschreibung

Der Auftrag für die Planung lautete gleiche Grundstücksgrößen für alle Baufamilien, einen guten Zuschnitt der Freiflächen zu finden, in einer kostengünstigen Bauweise das Energieniveau eines Passivhauses zu erreichen und eine ökologische Bauweise so weit finanziell möglich zu wählen. Eine volle Unterkellerung sowie Carports oder Garagen

Location and Climate

By population, Vorarlberg is the second smallest province in Austria and by area the smallest. In the north of the province, approximately 10 km from Bregenz, is Hörbranz, a community with 5,600 residents. The property on which the terraced house complex with 3 passive houses was constructed is located in the part of the community called Herrenmühle. The surrounding area contains primarily large, free-standing single family houses. A group of three families came together as building sponsors with the purpose of building a terraced house complex of passive house quality. On the 1,120 m² property, the terraced house structure was designed such that the property share of all three houses is equal.
The long-term climatic averages are 9.1°C for the average outside temperature, 3,506 Kd for the degree days and 2,945 Wh/(m²d) for the average daily solar radiation on a horizontal surface.

Building Description

The order for planning specified equally sized property areas for all owner families, finding a

waren vorzusehen, die Wohn-nutzfläche aller drei Häuser sollte gleich groß sein.
Weil ein Kellerabgang vom Inneren des Hauses immer ein Problem ist und ein Windfang eine zweckvolle Einrichtung, wurden beide Anforderungen kombiniert und alle drei Keller-abgänge zu einem zusammen-gefasst und in einem gemein-samen Windfang unterge-bracht. Damit wurde dieser zu einer verglasten Eingangshalle, groß genug, um auch viele Gäste oder Kinder auf einmal

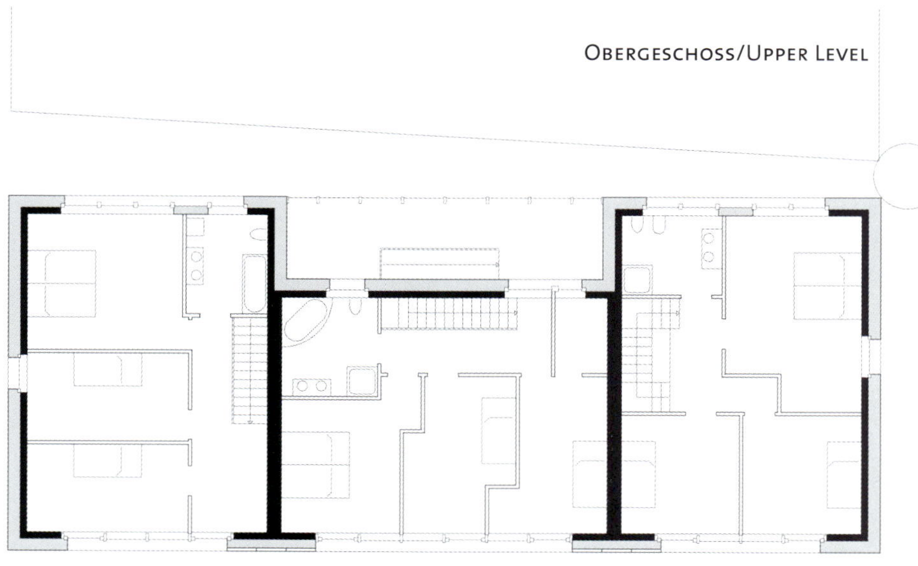
OBERGESCHOSS/UPPER LEVEL

aufnehmen zu können, was gerade im Winter oder bei Regen angenehm ist.

Das mittlere Reihenhaus wurde um 90° gedreht, sodass es breiter als tief wurde. Dadurch konnten alle Individualzimmer nach Süden orientiert werden. Durch die automatische Komfortlüftung entsteht kein Konflikt zwischen Allgemein- u. Individualraum.

Die Grundrisse sind stark individuell den Wünschen der Baufamilien entsprechend ausgearbeitet.

Das Gebäude ist ein Massivbau, mit Stahlbetondecken zwischen Keller/Erdgeschoss und Erdgeschoss/Obergeschoss sowie einem Pultdach aus Holz. Die Außenwände sind aus gebrannten Tonziegeln mit einem 35 cm dicken Wärmeverbundsystem aus einlagigem Kork, außen und innen mit Kalkzement verputzt. Die Innenwände

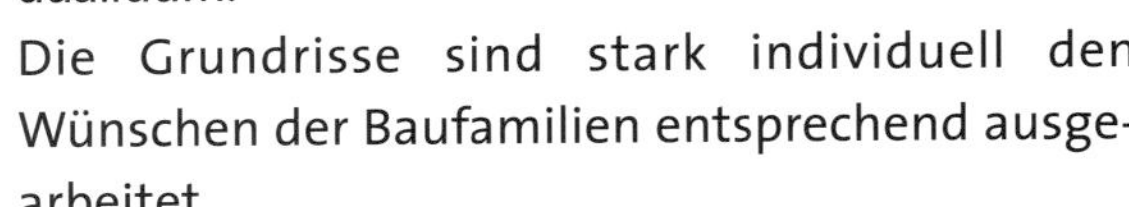

good apportionment of the open grounds, achieving the energy level of a passive house with cost-efficient construction techniques and using ecological construction techniques as far as financially possible. A cellar was to be excavated beneath the entire structure and carports or garages built. The utilizable living area of all three houses would be the same.

Because a cellar entrance from within the house is always a problem and a porch always a useful structure, the two requirements were combined and all three cellar entrances collected into one and built into a common porch. This was therefore designed as a glass-walled entry hall large enough to accommodate numerous guests or children at once, as is desirable in winter or when it is raining.

The middle terraced

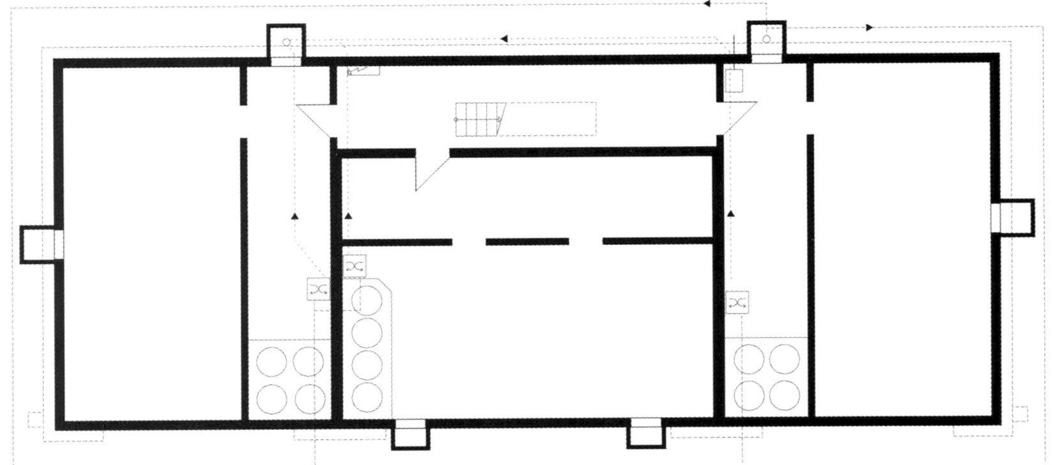

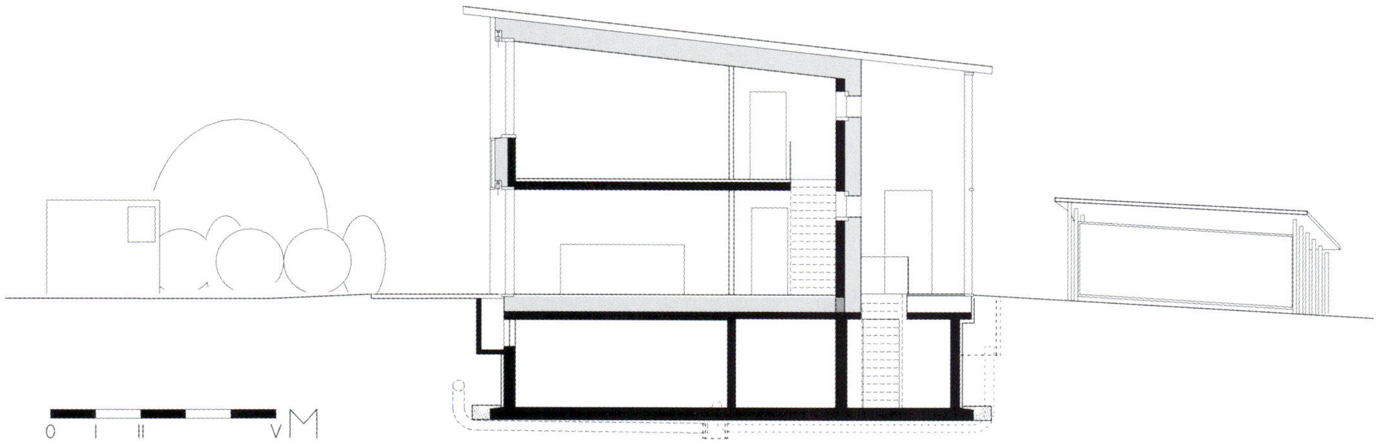

sind aus Gipskartonplatten hergestellt. Passivhaustypisch wurde die Wärmedämmung möglichst wärmebrückenfrei rund um die beheizte Gebäudehülle geführt. Die luftdichte Ebene wird:

◊ bei den gemauerten Wänden durch den Innenputz erreicht. Dazu wurden vor der Verlegung der Elektro-Leerverrohrung die Installationsschlitze verputzt und die Leerrohre satt eingeputzt.

house was turned by 90° so that it became wider than it is long. In this way, all the individual rooms could face south. No conflict between the general and individual rooms exists due to the automatic comfort ventilation.

The floor plans have been designed highly adapted to the individual wishes of the owner families. The building is of solid construction, with reinforced concrete floors between the cellar/ground levels and the ground/upper levels as well as a

wooden monopitch roof. The exterior walls are made of burnt clay brick with a 35 cm thick integrated heating system of a single layer of cork plastered on both sides with lime cement. Interior walls are constructed of gypsum plaster board panels. As is typical for passive houses, the thermal insulation was executed with as few thermal bridges as possible all around the hea-

Dach

U = 0,09 W/(m²K)

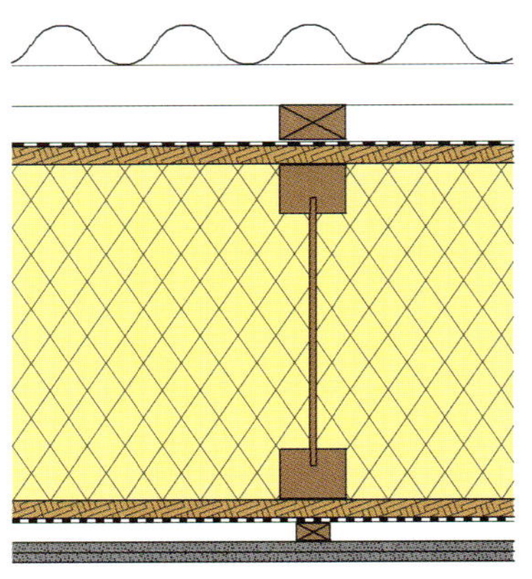

Außen / kalt	
Wellblech	
Lattung	5/8
Konterlattung	5/8
Abdichtung	------
OSB-Platte	2,2 cm
TJI-Träger / Zellulose	41,5 cm
OSB-Platte	2,2 cm
Dampfbremse	-----
Lattung	3 cm
Gipskartonplatten	2x 1,25 cm
Innen / warm	

Außenwand

U = 0,10 W/(m²K)

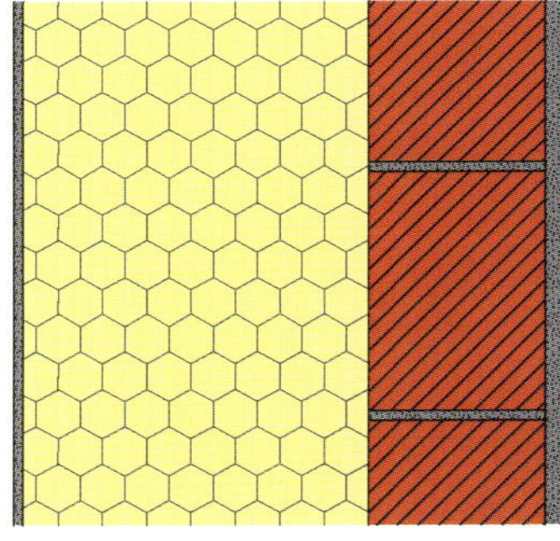

Außen / kalt	
Außenputz	1,0 cm
Korkplatte	35,0 cm
Ziegelmauerwerk	18,0 cm
Innenputz	2,0 cm
Innen / warm	

Kellerdecke

U = 0,11 W/(m²K)

Innen / warm	
Parkett	1,6 cm
Kork	0,3 cm
OSB-Platte	2,0 cm
Dampfbremse	-----
Zellulose	35,0 cm
zw. Holzunterkonstruktion	
Stahlbetondecke	18,0 cm
Keller / unbeheizt	

ted building shell. The airtight level is:

◊ Achieved through the interior plaster for the masonry walls. Before laying of the empty electrical conduits, the installation grooves were plastered and the empty conduits plastered in flush.

◊ Achieved for the floor above the cellar and the monopitch roof with a polyethylene foil. The foil sheets are glued together and, at connections to the masonry, mechanically fastened and plastered in.

◊ Achieved for the window connections with foil collars or through mechanical fastening and filling in with jointing compound.

After completion of the expanded shell, the air tightness of the building was inspected with a pressure test in all three apartment units. The measurement results in the individual apartment units were 0.40 h-1, 0.48 h-1 and 0.46 h-1.

◊ beim Fußboden gegen den Keller und beim Pultdach durch eine Polyethylenfolie erreicht. Die Folienbahnen sind untereinander verklebt, bei Anschlüssen an das Mauerwerk mechanisch befestigt und eingeputzt.

◊ bei den Fensteranschlüssen durch Folienkrägen oder durch mechanische Befestigung und Ausfugung mit Dichtmasse erreicht.

Nach Fertigstellung des erweiterten Rohbaues wurde die Luftdichtheit des Gebäudes durch Drucktest in allen drei Wohneinheiten überprüft.

Ventilation Concept

The ventilation concept is based on individual, decentralized devices with a common outside air intake. The fine air filter is located in a concrete shaft on the north facade. From there, the air enters the ground heat exchanger. The heat generation for the room heating in two houses is performed by a miniature heat pump integrated into the ventilation device. The user of the third house wanted to cook with gas, so a gas water

Die Messergebnisse in den einzelnen Wohneinheiten lagen bei 0,40 h-1, 0,48 h-1 und
0,46 h-1.

Lüftungskonzept

Das Lüftungskonzept setzt auf individuelle
dezentrale Geräte mit einer gemeinsamen
Außenluftansaugung. In einem Beton-
schacht an der Nordfassade ist der Fein-
staubfilter platziert. Von dort aus gelangt
die Luft in den Erdreichwärmetauscher. Die
Wärmeerzeugung für die Raumwärme erfolgt in zwei Häusern mittels im Lüftungsgerät integrierter Kleinstwärmepumpe. Der
Nutzer des dritten Hauses hatte den
Wunsch, mit Gas zu kochen, deshalb wurde
anstatt der Wärmepumpe eine Gastherme
installiert. Diese erwärmt über Wärmetauscher den oberen Bereich des Pufferspeichers der Solaranlage. Aus diesem Teil
des Pufferspeichers wird das Nachheizregister im Lüftungsgerät versorgt. Die hori-
zontale Leitungsführung verläuft in der
Mitte der 40 cm starken Dämmung des Erd-
geschossfußbodens. Auf eine zusätzliche
Isolierung der Rohrleitungen kann dement-
sprechend verzichtet werden. Steig-
leitungen sind in Schlitzen der gemauerten
Wände untergebracht.

Die Zuluft wird im Wohn-/Essbereich und in den
Schlafräumen über Weitwurfdüsen im Wand-
bereich eingeblasen. Die Abluft wird über
Decken-/Wandventile in der Küche, im Bad sowie

heater was installed instead of the heat pump.
This heats the upper part of the solar system storage tank by means of a heat exchanger. The supplemental heating register in the ventilation
device is supplied from this part of the storage tank.
The horizontal lines run through the center of the 40 cm
thick insulation of the ground level floor. For this reason,
no additional insulation of the pipelines was necessary. Ri-
sing lines are instal-

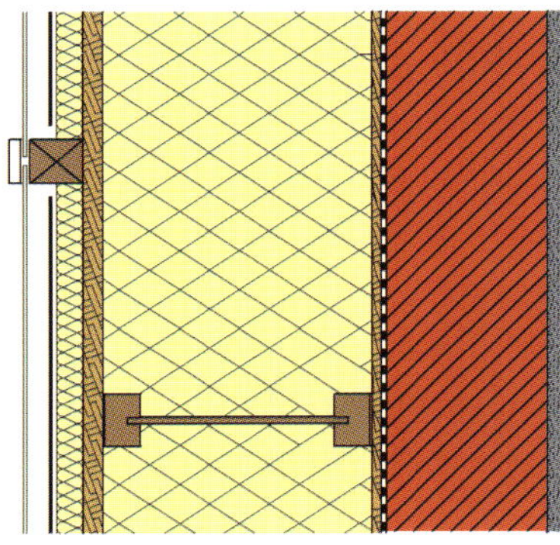

Außenwand Fassadenkollektoren

$$U = 0{,}10\ \text{W/(m}^2\text{K)}$$

Außen / kalt	
Glasabdeckung	
Luft	
Absorber	
Steinwolle	3,0 cm
OSB-Platte	1,6 cm
TJI-Träger / Zellulose	30,2 cm
OSB-Platte	1,1 cm
Folie	-----
Ziegelmauerwerk	18,0 cm
Innenputz	2,0 cm
Innen / warm	

Hörbranz

im Gäste-WC abgesaugt und zum Luftwärmetauscher geleitet. Die Überströmung der Luft erfolgt über 5 bis 10 mm hohe Schlitze zwischen Boden- u. Türblatt.

Raumwärmeversorgung

Der Erdwärmetauscher ist als 40 m langes Polyethylenrohr mit einer Nennweite von 250 mm für die Häuser 1 und 2 sowie als 30 m langes Rohr mit Nennweite 200 mm für das Haus 3 ausgeführt. Die Rohre wurden rund um das Haus in einer Tiefe von 1 bis 1,5 m in einem Abstand von 0,5 bis 1 m von der Hauskante verlegt. Die Luftansaugstutzen befinden sich in der Nordfassade. Der Kondensatablauf befindet sich vom Keller aus zugänglich unter dem Wärmetauscher-

led in the grooves in the masonry walls.

The supply air is blown into the living/dining area and in the bedrooms through wide-angle nozzles near the walls. The exhaust air is sucked away through ceiling/wall vents in the kitchen, bath and guest toilet and led to the air heat exchanger. The air overflow takes place through 5 to 10 mm high slits between the floor and door panels.

Room Heat Supply

The ground heat exchanger is designed as a 40 m long polyethylene pipe with a nominal width of 250 mm for houses 1 and 2 as well as a 30 m long pipe with nominal width 200 mm for house 3. The pipes are laid around the house at a depth of from 1 to 1.5 m at a distance of from 0.5 to 1 m from the edge of the house. The air intakes are located on the north facade. The condensation drain is located under the heat exchanger unit, accessible from the cellar.

Miniature heat pumps with a nominal thermal capacity of 1,400 W and a power consumption of approx. 400 W were used in houses 1 and 2. Supplemental heating in house 3 is performed by a warm water heating register in the supply air line. The system is regulated such that the air temperature in the supplemental heating register does not exceed 55°C to avoid odorous and unhealthy dust carbonization.

The terraced houses are heated exclusively by supply air, with the exception of the bath in house 2, where floor heating was installed for comfort purposes which is fed by the storage tank of the solar system. Electrically heated hand towel holders are installed in houses 1 and 3. The heat distribution is performed by the ventilation system.

The warm water preparation is performed primarily by the solar system. The solar power generated

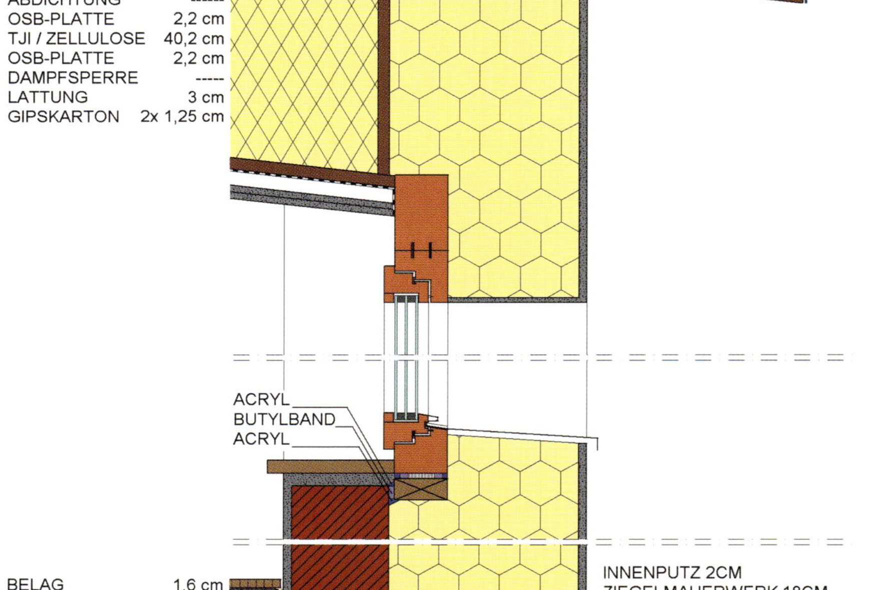

warm water supplies the solar tank or the storage tank. The storage tank consists of three 850 liter storage tanks connected in parallel. The storage tanks are installed behind wood planking and insulated with cellulose. At the thinnest point, the cellulose insulation is 25 cm thick. The solar tank is installed next to the storage tank. It holds 500 liters and has two interior bare-tube heat exchangers. The lower heat exchanger is connected to the solar system; the heat exchanger in the center is connected to the storage tank. The thermal insulation is delivered from the factory and consists of 5 cm thick CFC-free HR foam. The thermal insulation is too thin and does not meet the recommendations for energy-efficient passive houses. A total of four three-level regulated circulation pumps are used for this combined system. In

aggregat.
Bei den Häusern 1 und 2 kamen Kleinstwärmepumpen mit einer thermischen Nennleistung von 1.400 W und einer Stromaufnahme von ca. 400 W zum Einsatz. Im Haus 3 erfolgt die Nachheizung über einen Warmwasserheizregister in der Zuluft. Die Anlage ist so geregelt, dass die Lufttemperatur im Nachheizregister 55°C nicht übersteigt um geruchsintensive und gesundheitlich bedenkliche Staubverschwelung zu vermeiden.

Die Beheizung der Reihenhäuser erfolgt ausschließlich über Zuluft mit Ausnahme des Bades in Haus 2, wo aus Komfortgründen eine Fußbodenheizung installiert wurde, die aus dem Pufferspeicher der

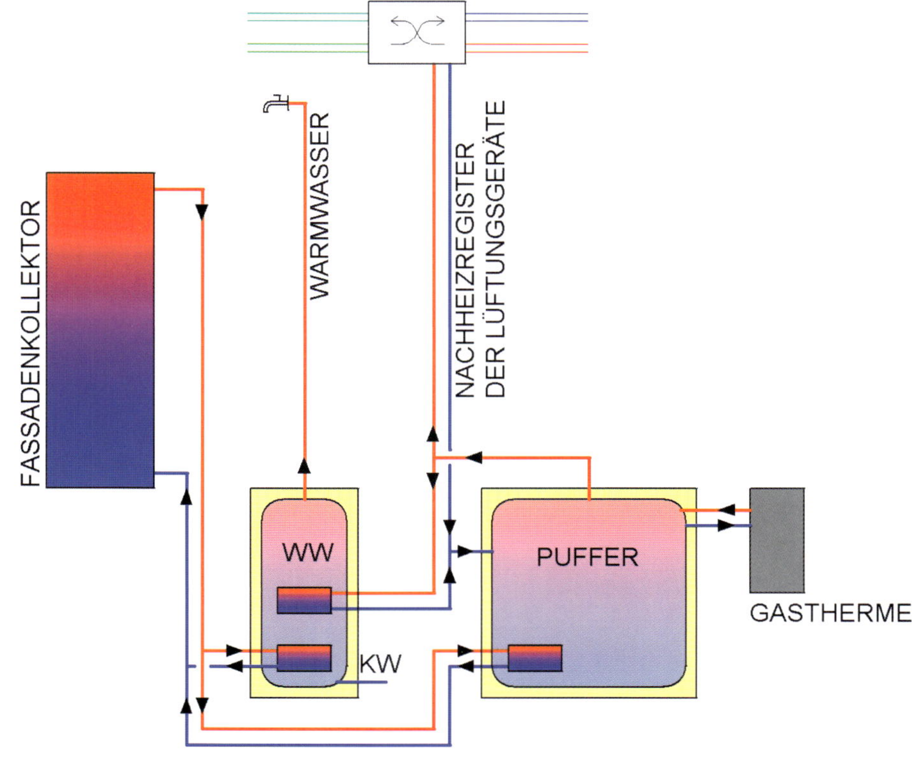

Solaranlage gespeist wird. In den Häusern 1 und 3 sind elektrisch beheizbare Handtuchhalter montiert. Die Wärmeverteilung erfolgt über das Lüftungssystem.

Die Warmwasserbereitung erfolgt hauptsächlich durch die Solaranlage. Das solarerzeugte Warmwasser versorgt den Solarspeicher oder den Pufferspeicher. Der Pufferspeicher besteht aus drei parallel geschalteten 850 Liter großen Pufferspeichern. Die Pufferspeicher sind hinter einer Bretterverschalung aufgestellt und mit Zellulose gedämmt. An der dünnsten Stelle ist die Zellulosedämmung 25 cm dick. Der Solarspeicher ist neben dem Pufferspeicher aufgestellt. Er ist 500 Liter groß und hat zwei innen liegende Glattrohrwärmetauscher. Der untere Wärmetauscher ist an die Solaranlage angeschlossen, der in der Mitte befindliche Wärmetauscher an den Pufferspeicher. Die Wärmedämmung ist werkseitig geliefert, sie ist aus 5 cm dickem fckw-freiem Hartschaum. Die Wärmedämmung ist zu dünn und entspricht nicht den Empfehlungen für energieeffiziente Passivhäuser.

Insgesamt sind für diese Kombinationsanlage vier dreistufig geregelte Umwälzpumpen eingesetzt. Zusätzlich befindet sich im Haus 3 eine Umwälzpumpe in der Gastherme. Die Ventile und Pumpen sind – wie allgemein leider üblich – nicht gedämmt, wodurch die Effizienz der Solaranlage gemindert wird.

Die Solaranlage besteht aus einem 49 m² großen Vollkupferabsorber mit Black-Cristal-Beschichtung und ist in die hochwärmegedämmte Fas-

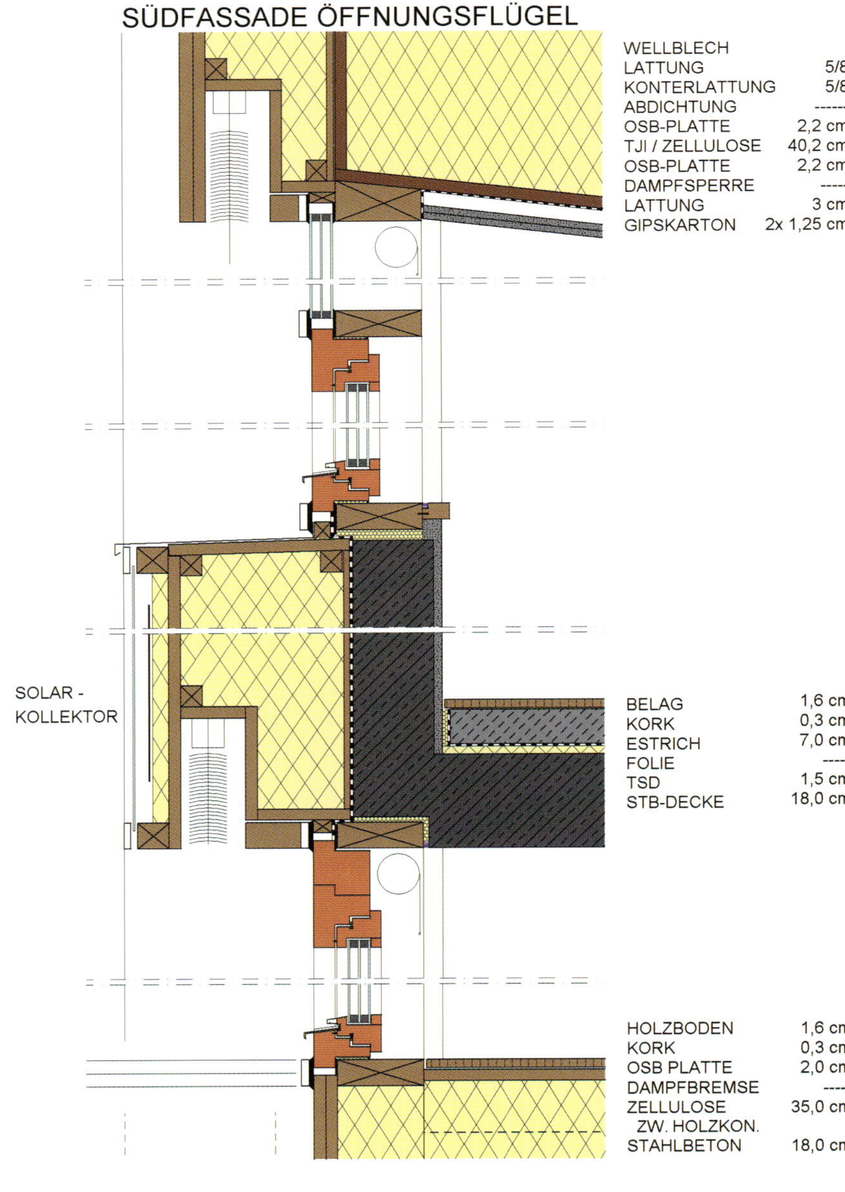

addition, a circulation pump is located in the gas water heater in house 3. The valves and pumps are not insulated, as is unfortunately typical, reducing the efficiency of the solar system.

The solar system consists of 49 m² all copper absorbers with a Black Cristal coating and is integrated into the highly thermally insulated facade structure. The solar system is divided into three equally sized parts for the three apartment units.

Costs

Building costs: 1,381 Euro per m² or 175,510 Euro per apartment unit

sadenkonstruktion integriert. Die Aufteilung der Solaranlage erfolgte für die drei Wohneinheiten in drei exakt gleich große Teile.

Kosten

Bauwerkskosten: 1.381 Euro pro m² bzw. 175.510 Euro pro Wohneinheit

Beteiligte

Bauherr:
private Bauherrengemeinschaft

Architekt:
Baumeister Richard Caldonazzi, Ludesch

Heizungs- und Sanitärplanung:
Caldo-Bau GesmbH, Ludesch

Elektroplanung:
Caldo-Bau GesmbH, Ludesch

Lüftungsplanung:
Ing. Christoph Drexel, Bregenz

Bauphysik:
Dr. Lothar Künz, Hard.

Zeitlicher Rahmen

Planungsbeginn:
Frühjahr 1998
Baubeginn:
Sommer 1998
Bezug:
Sommer 1999

Participants

Building owners:
Private building owner group

Architect:
Baumeister Richard Caldonazzi, Ludesch

Heating and sanitary planning:
Caldo-Bau GesmbH, Ludesch

Electrical planning:
Caldo-Bau GesmbH, Ludesch

Ventilation planning: Ing. Christoph Drexel, Bregenz

Building physics: Dr. Lothar Künz, Hard

Time Frame

Start of planning: Spring 1998
Start of construction: Summer 1998
Move-in: Summer 1999

MEHRFAMILIENHAUS EGG, VORARLBERG

Standort und Klima

Die Gemeinde Egg ist mit ca. 3.500 Einwohnern das schulische und wirtschaftliche Zentrum des Bregenzerwaldes. Landwirtschaft, Tourismus und Handwerk bilden die wirtschaftliche Basis der Region. Der Bregenzerwald liegt in Vorarlberg, im westlichsten Bundesland Österreichs. Der ganzjährig bewohnte Teil der Gemeinde liegt auf einer Meereshöhe von 500 bis 800 m über dem Meeresspiegel. Die höher gelegenen Regionen werden im Zuge des saisonalen Viehwirtschaft nur zeitweise bewohnt und bewirtschaftet. Das Passivhaus Egg-Wieshalde liegt etwas oberhalb des Ortszentrums auf 635 m Seehöhe an einem Südwesthang mit ca. 16° Neigung. Die umliegenden Einzel- und Doppelhäuser stammen vorwiegend aus den vergangenen 10 Jahren. Der gültige Bebauungsplan sah eine Doppelhausbebauung vor und gab Grenzabstand, Höhenentwicklung, Ausrichtung und Nutzung des Gebäudes, sowie das Material der Fassaden vor. Die Errichtung der Kleinwohnanlage mit 4 Wohneinheiten erforderte eine Änderung des Bebauungsplanes.

Die langjährigen Mittelwerte der Klimadaten weisen 7,5°C mittlere Außentemperatur, 4.077 Kd sowie 3.038 Wh/(m²d) für die mittlere tägliche Globalstrahlung auf horizontaler Fläche aus.

Baubeschreibung

Das Gebäude wurde als kompakter, 2-geschossiger Baukörper mit Mittelerschließung konzipiert.

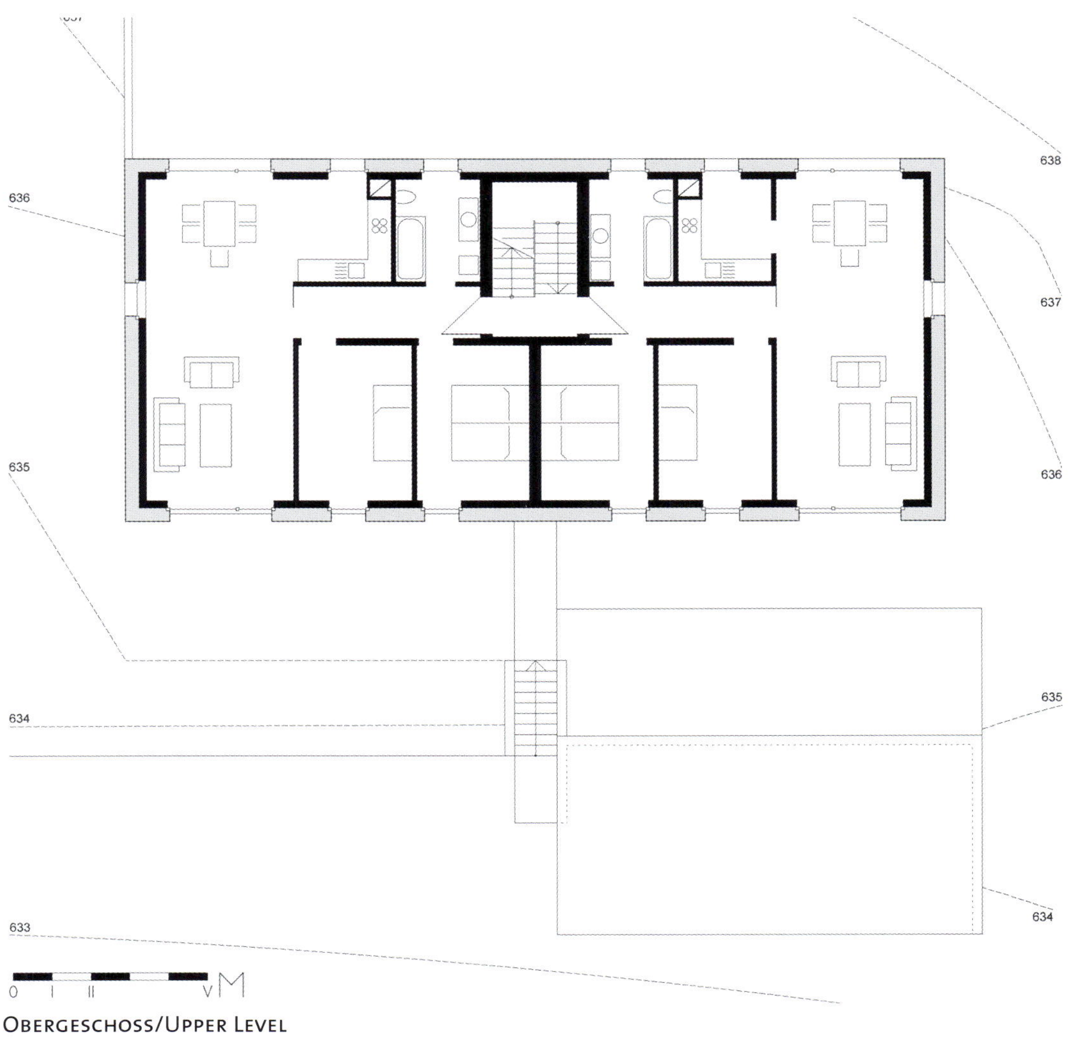

Durch Ausnutzung der Topografie erhielten sowohl die beiden Erdgeschosswohnungen als auch die beiden Obergeschosswohnungen einen eigenen Gartenbereich. Die Erdgeschosswohnungen orientieren sich hauptsächlich nach Südwest, die Obergeschosswohnungen besitzen über die gesamte Haustiefe durchgehende Wohn-Essräume, um sowohl die optimale Belichtungs- und Besonnungssituation mit dem herrlichen Ausblick auszu-

Multi-family House Egg, Vorarlberg

Location and Climate

With a population of approximately 3,500 residents, the community of Egg is the educational and business center of the Bregenz Forest. Agriculture, tourism and trade work form the economic base of the region. The Bregenz Forest is located in Vorarlberg, the westernmost province of Austria. The part of the community with year-round occupancy is situated from 500 to 800 m above sea level. The regions at higher elevations are occupied and managed only part-time during the course of the seasonal livestock farming. The Egg-Wieshalde passive house is situated above the town center at 635 m above

nutzen, also auch einen großzügigen Gartenbezug herzustellen. Die mittige Erschließung liegt innerhalb der wärmegedämmten Gebäudehülle. Die Ein-

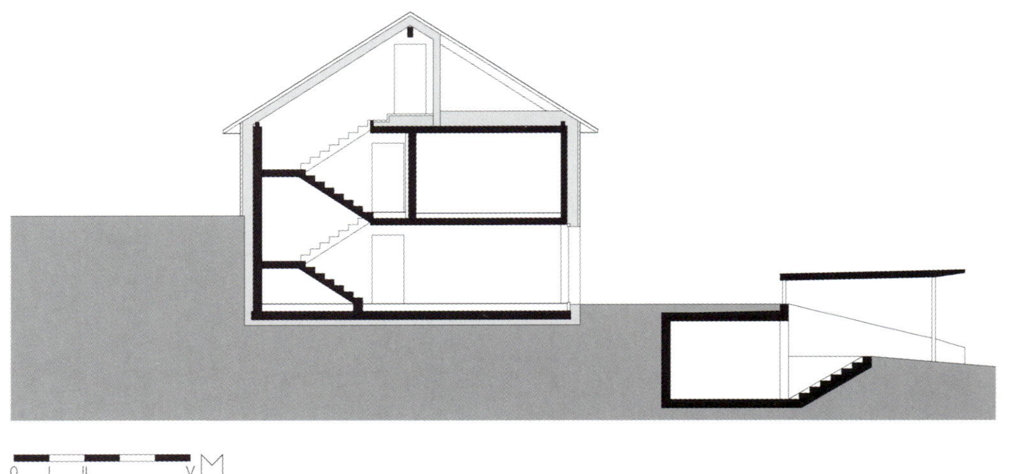

sea level on a south-west slope with approximatly 16° inclination. The surrounding single and double houses were primarily built within the last 10 years. The applicable development plan is intended for double house development and specified the spacing, height development, alignment and utilization of the building as well as the material of the facade. The construction of the small apartment complex with four apartment units required a modification of the development plan.

The long-term climatic averages indicate 7.5°C average outside temperature, 4,077 Kd and 3,038 Wh/(m²d) for average daily solar radiation on a horizontal surface.

gangstüre und die Belichtung über Dach haben Passivhausstandard. Die Nebenräume der Wohnungen sowie die Technikräume wurden im Dachboden untergebracht. Die 4 Carports sowie ein allgemeiner Kellerraum sind im Zufahrtsbereich an der Südwestseite des Grundstücks angeordnet.

Building Description

The building was designed as a compact, two-story structure with central connection. Through utilization of the topography, both ground level apartments as well as both upper level apartments have their own garden areas. The ground level apartments are oriented primarily toward the southwest, the two upper level apartments have connected living and dining areas which extend the entire width of the buil-

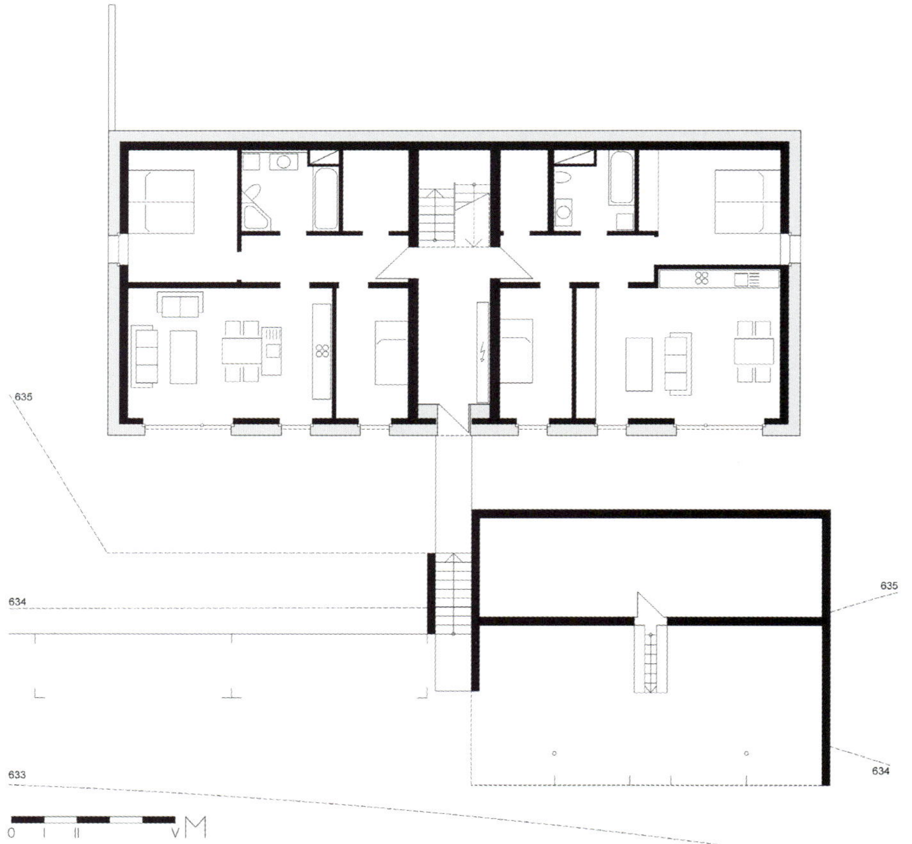

Erdgeschoss/Ground Level

Obere Geschossdecke (gegen unbeheizt)   **U = 0,10 W/(m²K)**

Abstellraum / unbeheizt
Spanplatte	1,0 cm
EPS (expandiertes Polystyrol)	40,0 cm
Stahlbeton-Decke	20,0 cm
Innenputz	1,0 cm
Innen / warm	

Im Bereich des Technikraumes 25cm EPS.

U= 0,15 W/(m²K)

Bodenplatte   **U = 0,13 W/(m²K)**

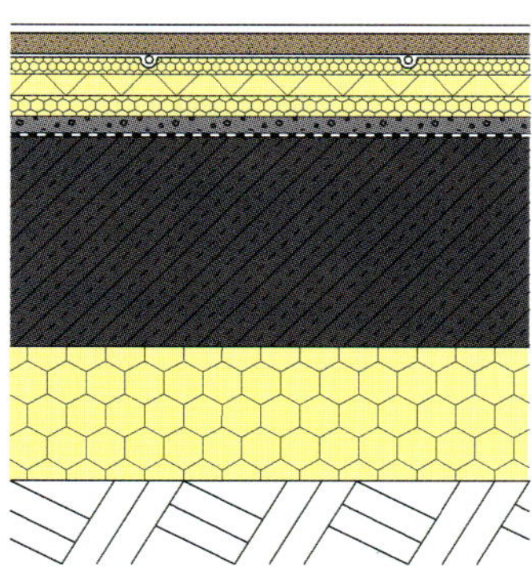

Innen / warm
Belag	1,0 cm
Spanplatte	2,5 cm
Fussbodenheizung	2,4 cm
Alu-Schirm	
EPS-Formteil	
Trittschalldämmung Polystyrol	2,5 cm
EPS (expandiertes Polystyrol)	3,0 cm
Splittschüttung	1,6 cm
Dampfbremse	-----
Stahlbeton-Decke	25,0 cm
Extrudiertes Polystyrol	16,0 cm
Erdreich	

ding for optimal utilization of the lighting and sunlight situation and the magnificent view as well as to provide an excellent view of the garden. The central connecting area is situated within the heat-insulated building shell. The entry doors and skylight meet passive house standards. The storage space for the apartments and the technical rooms are located in the attic. The 4 carports and a general cellar room are located on the southwest side of the property in the street access area.

Die Fassade wurde als geklebte Holzfassade ausgeführt. Dieser Wandaufbau ist eine Eigenentwicklung des Bauträgers und ermöglicht eine wärmebrückenfreie Konstruktion aus einem Tonziegelmauerwerk mit einer vollflächig aufgeklebten Wärmedämmung. Die Wärmedämmung wird nicht geschwächt oder durchbrochen, und die regional typische Holzfassade ist wärmebrückenfrei ausführbar.

The facade was designed as a glued wooden facade. This wall construction was developed specially by the building promoter and allows the erection of walls free of thermal bridges. It consists of clay brick masonry and full-surface, glued thermal insulation. The thermal insulation is neither weakened nor penetrated, and the typical wooden facade of the region can be erected without thermal bridges.

Luftdichtheit

Der Luftdichtetest ergab für das gesamte Gebäudevolumen inklusive Stiegenhaus im Mittel von Unterdruck- u. Überdruckmessung 0,51 h-1. Die größten Undichtheiten fanden sich im Stiegenhaus (Anschluss Fußboden-Außenwand), bei der Hauseingangstür und bei den Elektro-

Außenwand 1   **U = 0,12 W/(m²K)**

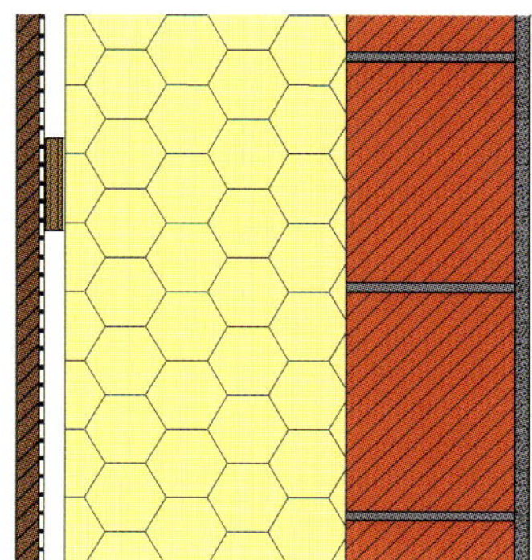

Außen / kalt
Holzschirm	2,4 cm
Winddichtung schwarz	-----
Lattung: Multiplan K1 geklebt	2,7/10
(Dreischichtplatte)	
Expandiertes Polystyrol geklebt	30,0 cm
Hochlochziegel	18,0 cm
Innenputz	1,5 cm
Innen / warm	

Egg

leitungen. Anfängliche Schwachstellen bei den Fenstern konnten relativ problemlos nachgebessert werden.

Lüftungskonzept

Die Wohnungen verfügen über dezentrale Lüftungsanlagen mit Wärmerückgewinnung. Die Ansaugung der Frischluft erfolgt im Bereich des Carports. Die Frischluft wird durch einen für jede Wohnung separaten, ca. 35 m langen Erdwärmetauscher vorgewärmt und dem jeweiligen Lüftungsgerät zugeführt. In den Erdgeschosswohnungen stehen die Lüftungsgeräte in der Wohnung im Abstellraum. Die Lüftungsgeräte der Dachgeschosswohnungen stehen im Haustechnikraum im Dachgeschoss.

Die Zuluft wird in den Wohn-Essräumen und in den Schlafräumen über Deckenauslässe im Fensterbereich eingelassen. Die Abluft wird über Deckenauslässe in der Küche und im Bad/WC abgesaugt und zum Luftwärmetauscher geführt. Die Überströmung der Luft erfolgt über 15 mm hohe Schlitze zwischen Boden und Türblatt.

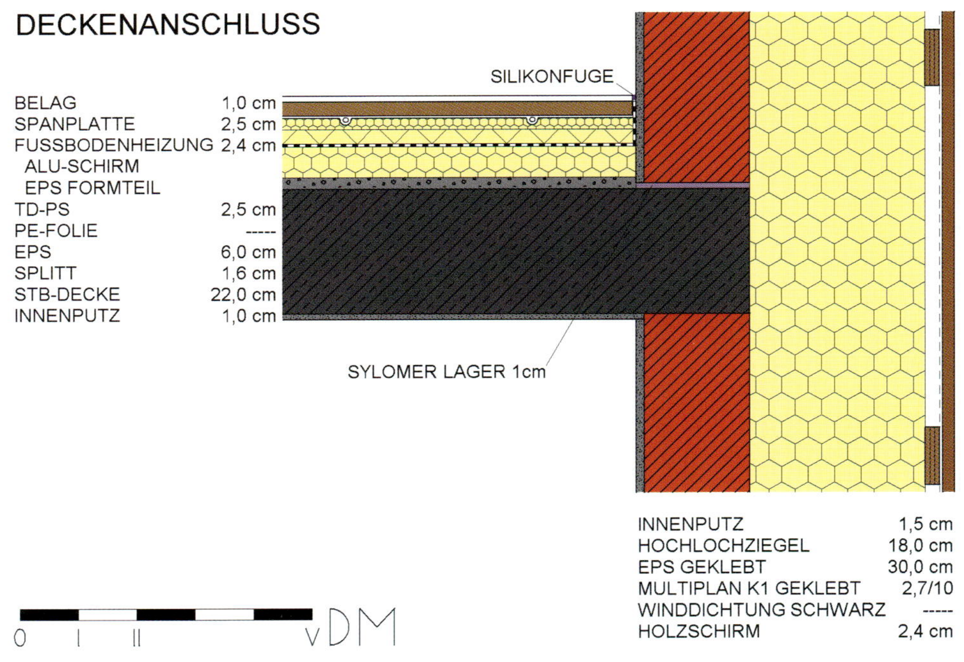

FENSTER HORIZONTAL

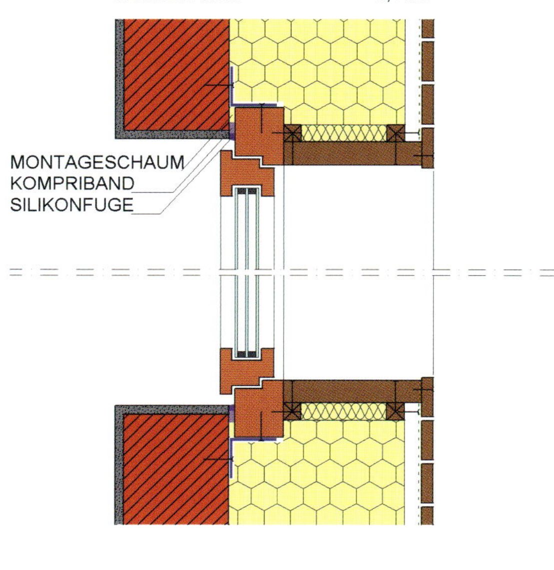

Air Tightness

The air tightness test yielded a result of 0.51 h-1 from underpressure and overpressure measurement for the entire building volume, including the stairwell in the center. The areas with the worst seal were found in the stairwell (at the floor-exterior wall connection), at the building entry door and at the electrical lines. Initial weak points by the windows were improved relatively easily.

Ventilation Concept

The apartments possess decentralized ventilation systems with heat recovery. The intake of fresh air takes place in the area of the carport. The fresh air is preheated in separate ground heat exchangers for each apartment of approximately 35 m in length and brought to the respective ventilation unit. In the ground level apartments, the ventilation devices are situated in the store-rooms. The ventilation devices for the upper level apartments are situated in the technical room in the attic.

The supply air is released through ceiling outlets near the windows in the living/dining rooms and the bedrooms. The exhaust air is removed through ceiling outlets in the kitchen and bathrooms and led to the air heat exchanger. The air overflow takes place through 15 mm high slits between the floor and the door panels.

Room Heat Supply

The heat distribution in the 4 apartments in the building is not performed by the ventilation system, rather by a conventional two-pipe pump heating network with very good thermal insulation of all pipelines. The heating lines run from the technical room in the attic to the respective apartment distributors. The heat meters for data collection are installed there as well. The heat introduction in the apartments takes place via a low-temperature floor heating system, whereby a small heating element is also installed in each bathroom. The maximum heating flow temperature is 35°C at a minimum outdoor temperature of -16°C.

Raumwärmeversorgung

Die Wärmeverteilung in den 4 Wohnungen im Gebäude erfolgt nicht über das Lüftungssystem, sondern über ein konventionelles Pumpenzweirohrheizungsnetz mit sehr guter Wärmedämmung aller Rohrleitungen. Die Heizungsleitungen werden von der Dachzentrale zum jeweiligen Wohnungsverteiler geführt. Dort sind auch die Wärmemengenzähler für die messtechnische Datenerfassung installiert. Die Wärmeabgabe in den einzelnen Wohnungen erfolgt über eine Niedrigsttemperaturfußboden-Heizung, wobei jeweils im Bad zusätzlich ein kleiner Heizkörper installiert wurde. Die maximale Heizungsvorlauftemperatur beträgt 35°C bei einer minimalen Außentemperatur von −16°C.

Die Wärmebereitstellung erfolgt durch eine Sole-Wasserwärmepumpe mit einer maximalen Leistungsauf-

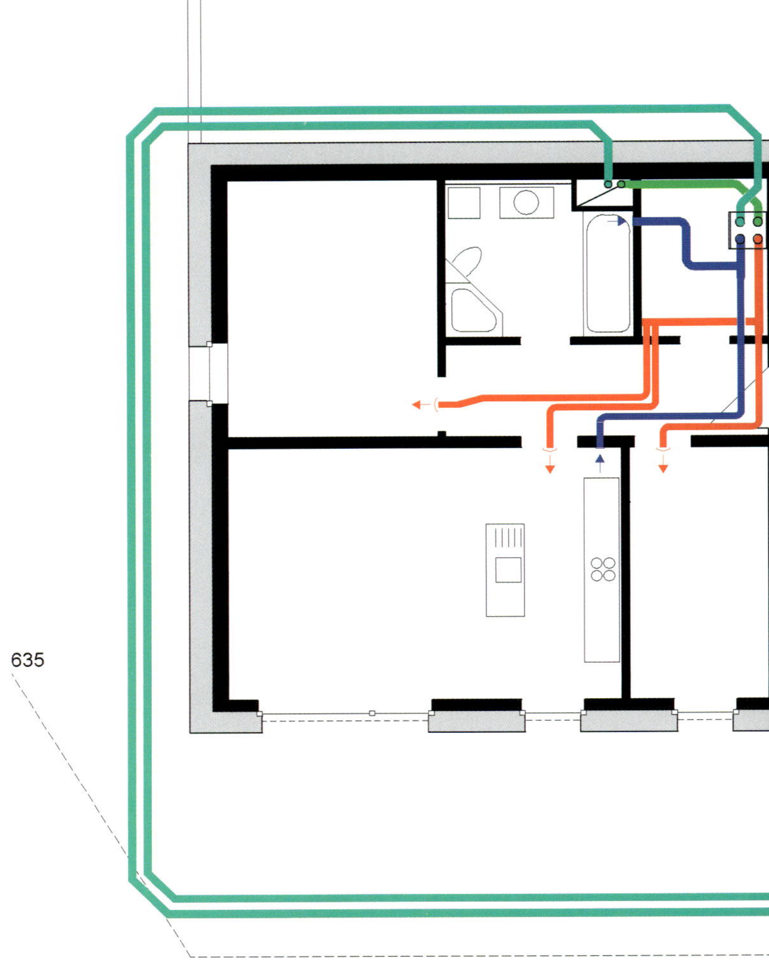

The heat is provided by a sole water heat pump with a maximum power consumpti-

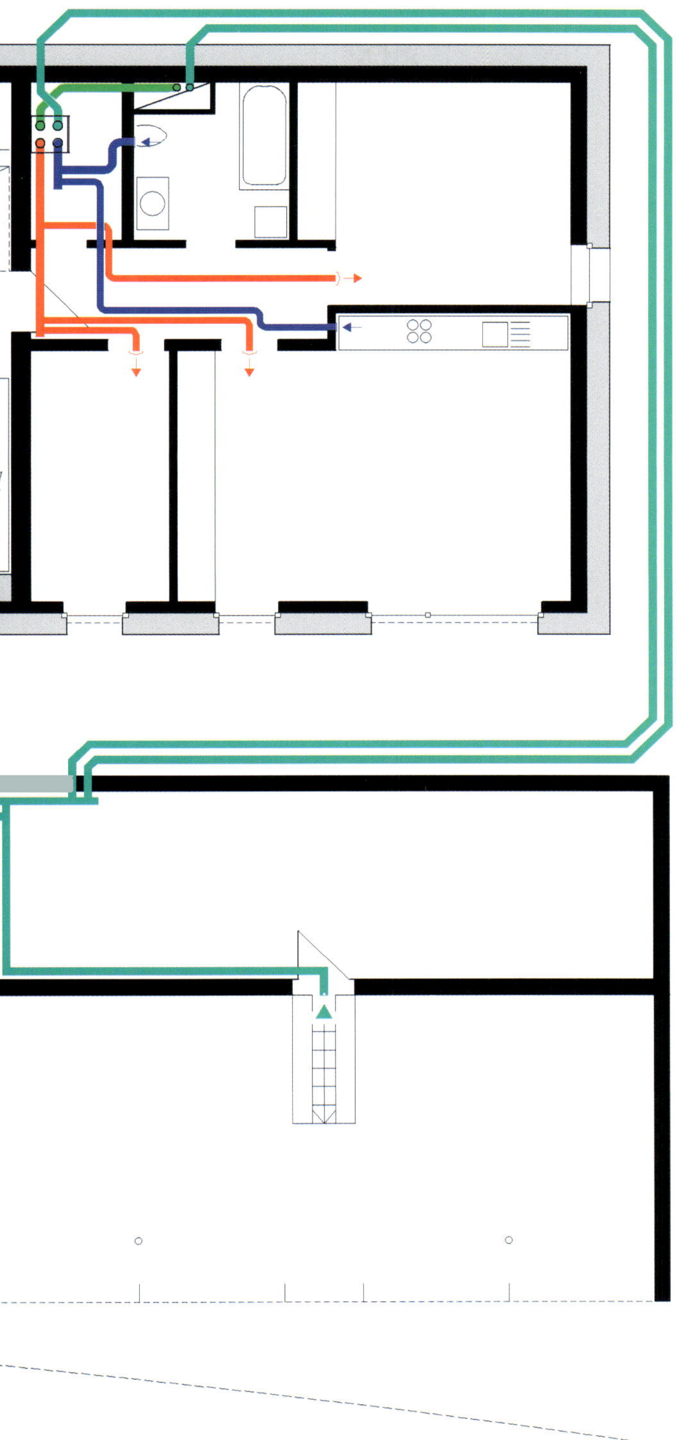

on of 1.8 kW. The earth is used as a heat source by geothermal absorbers. The pipe network of approximately 1,200 m in length would need to be 3-4 times longer in a building with typical heat requirements; the design of the building as a passive house results in significant cost savings for the utilization of geothermal heating. One unique feature of the project in Egg is the capability of further increasing the temperature of the earth circuit through the thermal solar collectors. Through the installation of a 1,000 liter reservoir with sufficiently dimensioned solar heat exchangers, optimal use of the heat pump running time is ensured. The warm water is reheated in the 1,000 liter warm water solar boiler by the heat pump as required.

The solar collector was mounted on the gable roof with approximately 30° inclination. The roof surface is oriented approximately to the southwest (38° from due south). Collectors with a total net utilizable surface of 25 m² were installed.

nahme von 1,8 kW. Das Erdreich als Wärmequelle wird über Erdreichabsorber erschlossen. Das Rohrnetz von etwa 1.200 m Länge müsste in

Egg

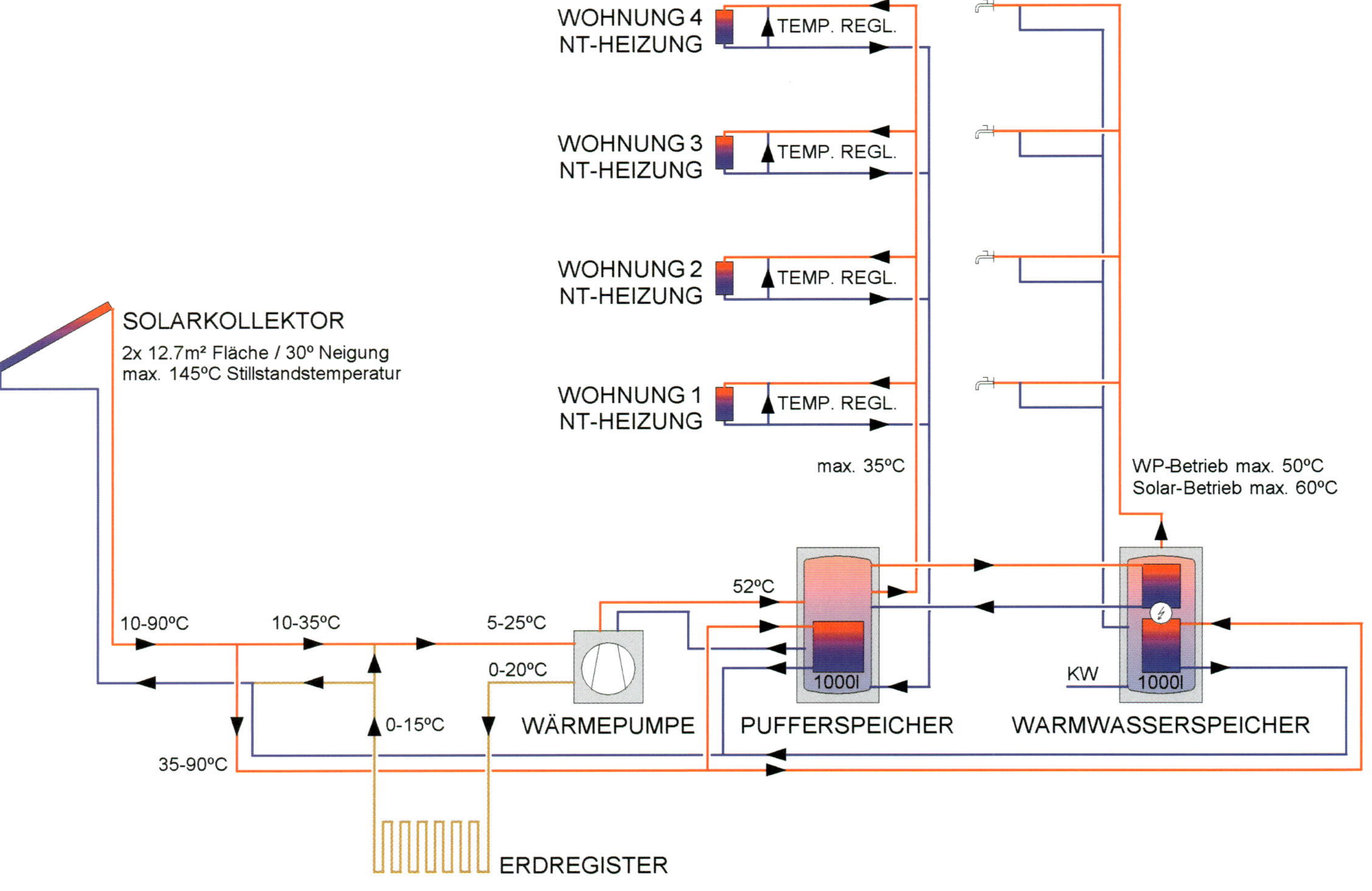

Gebäuden mit üblichem Heizwärmebedarf 3 bis 4 fach länger sein, die Ausführung des Gebäudes in Passivhausniveau bringt eine bedeutende Kostenreduktion bei der Erschließung der Wärmequelle Erdreich. Eine Besonderheit des Projekts in Egg ist die Möglichkeit, die Temperatur des Erdkreises durch die thermischen Solarkollektoren weiter anzuheben. Die Solarkollektoren können dem Erdregister nachgeschaltet werden. Durch den Einbau eines 1.000 l-Pufferspeichers mit ausreichend dimensioniertem Solarwärmetauscher wird die Laufzeit der Wärmepumpe optimal genutzt. Das Warmwasser wird in dem 1.000 l-fassenden Warmwasser Solarboiler bei Bedarf über die Wärmepumpe nacherwärmt.

Der Solarkollektor wurde auf dem Satteldach mit ca. 30° Neigung montiert. Die Dachfläche ist

Costs

Building costs: 1,215 Euro per m² or 94,073 Euro per apartment unit

Participants

Building contractor:
Kohler Wohnbau, Andelsbuch

Architect:
Fink & Thurnher, Bregenz

Project Management and works supervision:
Morscher Hausbau, Mellau

Heating planning:
Ing. Michael Gutbrunner, Dornbirn

annähernd Südwest orientiert (38° Südabweichung). Es wurden Kollektoren mit insgesamt 25 m² Nettonutzfläche installiert.

Kosten

Bauwerkskosten: 1.215 Euro pro m² bzw. 94.073 Euro pro Wohneinheit

Beteiligte

Bauträger:
Kohler Wohnbau, Andelsbuch

Architekt:
Fink & Thurnher, Bregenz

Projektmanagement und Bauleitung:
Morscher Hausbau, Mellau

Heizungsplanung:
Ing. Michael Gutbrunner, Dornbirn

Elektroplanung:
Ing. Willi Meusburger, Bezau

Bauphysik:
Dr. Lothar Künz, Hard

PHPP Berechnung:
Ing. Gerhard Ritter, Andelsbuch

Fensterbau:
Sigg GmbH, Hörbranz

Zeitlicher Rahmen

Planungsbeginn
Februar 1998

Baubeginn
Dezember 1999

Bezug der Wohnungen
September/Oktober 2000

Electrical planning:
Ing. Willi Meusburger, Bezau

Building physics:
Dr. Lothar Künz, Hard

PHPP calculation:
Ing. Gerhard Ritter, Andelsbuch

Window construction:
Sigg GmbH, Hörbranz

Time Frame

Start of planning   February 1998

Start of construction   December 1999

Apartment move-in
                September and October 2000

Einfamilienhaus Dornbirn-Knie, Vorarlberg

Standort und Klima

Dornbirn ist mit 45.000 Einwohnern die größte Stadt des Bundeslandes Vorarlberg. Das Passivhausprojekt liegt in Dornbirn-Knie, einem oberhalb des Stadtzentrums gelegenen Stadtteil mit sehr geringer Bebauungsdichte. Das Grundstück liegt etwa 550 m über dem Meeresspiegel.

Die langjährigen Mittelwerte der wichtigsten Klimadaten sind für die mittlere Außentemperatur 8,2°C, für die Heizgradtage 3.799 Kd und für die mittlere tägliche Globalstrahlung auf horizontaler Fläche 2.745 Wh/(m²d).

Baubeschreibung

Bei dem Gebäude handelt es sich um ein frei stehendes zweigeschossiges Einfamilienhaus mit Flachdach. Das Gebäude ist als Musterhaus für ein neu entwickeltes Bausystem mit hohem Vorfertigungsgrad und hoher Flexibilität konzipiert. Das System soll nicht nur für Einfamilien- und Reihenhäuser, sondern auch für den Geschosswohnbau einsetzbar sein. Die Gebäudehauptfassade des Passivhausprojektes „im Knie" ist nach Südwest/ west orientiert, der Eingang befindet

"

Location and Climate

With 45,000 residents, Dornbirn is the largest city in the province of Vorarlberg. The passive house project is located in Dornbirn-Knie, a part of the city situated above the city center with very low development density. The property is situated approximately 550 m above sea level.

The long-term climatic averages of the most important climate data indicate an average outside temperature of 8.2°C, 3,799 Kd for the heating degree days and 2,745 Wh/(m²d) for the aver-

sich im Nordosten des Gebäudes. Der einfache Kubus wird durch auskragende Balkone unterschiedlicher Tiefe gegliedert.

Im Erdgeschoss befindet sich der Wohn-, Ess- und Küchenbereich. Dieser kann je nach Bauherrenwunsch offen gestaltet oder durch leichte Trennwände gestaltet werden. Die Erschließung erfolgt von der Nordostseite des Hauses. Neben dem Eingang liegen das Gäste-WC und ein Vorraum mit Garderobe, in dem auch das Kompaktaggregat für Heizung und Lüftung untergebracht ist. Im Obergeschoss befinden sich drei Zimmer, Badezimmer und ein großzügig dimensionierter Gang. Die Garage ist im Nord-

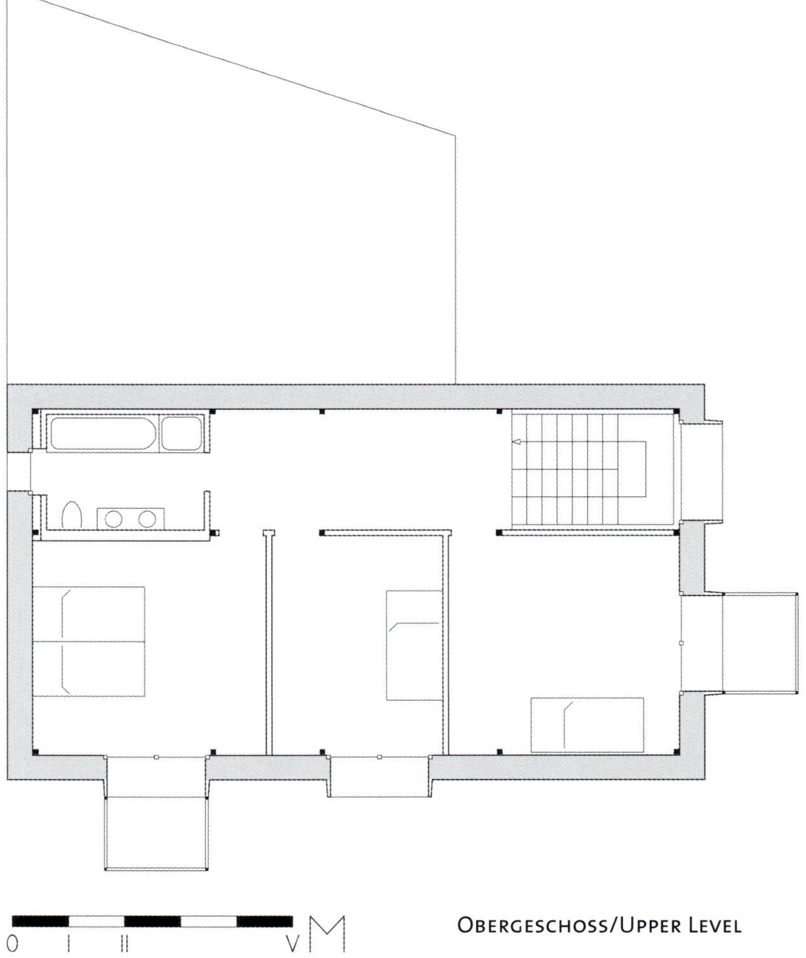

OBERGESCHOSS/UPPER LEVEL

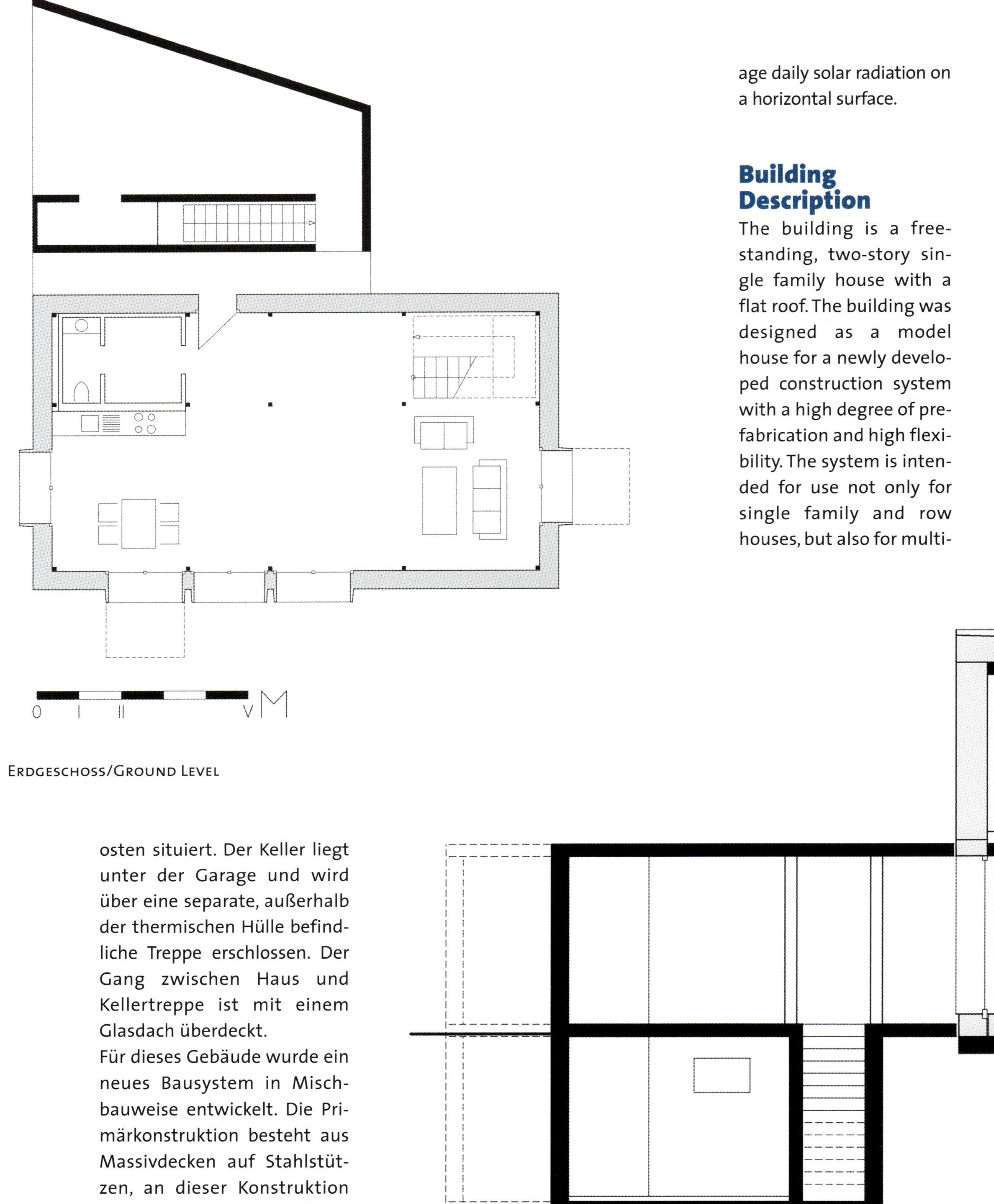

age daily solar radiation on a horizontal surface.

Building Description

The building is a free-standing, two-story single family house with a flat roof. The building was designed as a model house for a newly developed construction system with a high degree of prefabrication and high flexibility. The system is intended for use not only for single family and row houses, but also for multi-

osten situiert. Der Keller liegt unter der Garage und wird über eine separate, außerhalb der thermischen Hülle befindliche Treppe erschlossen. Der Gang zwischen Haus und Kellertreppe ist mit einem Glasdach überdeckt.

Für dieses Gebäude wurde ein neues Bausystem in Mischbauweise entwickelt. Die Primärkonstruktion besteht aus Massivdecken auf Stahlstützen, an dieser Konstruktion sind außenseitig hochwärmegedämmte Wandbauelemente befestigt.

Lüftungskonzept

Ein zentrales Lüftungsgerät mit Luft/Luftwärmetauscher und nach-geschalteter Luft/Luftwärmepumpe sorgt sowohl für Frischluftzufuhr als auch für die Zufuhr der erforderlichen Raumwärme. Die Ansaugung erfolgt über einen zentralen Erdreichwärmetauscher.

Die Zuluft wird im Wohn-/Essbereich und in den Schlafräumen über Fußbodenauslässe im Fensterbereich zugeführt. Die Abluft wird über Decken-/und Wandöffnungen in der Küche und im Bad sowie im Gäste-WC abgesaugt und zum zentralen Wärmetauscher geführt. Die Überströmung der Luft erfolgt über 15 mm hohe Schlitze zwischen Boden und Türblatt. Die Heizung,

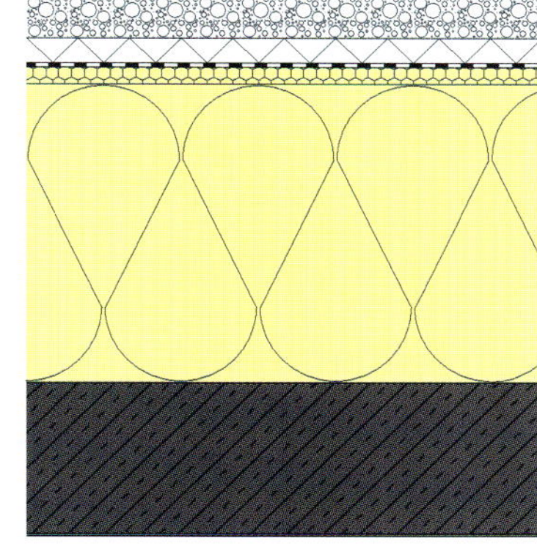

Dach   **U = 0,10 W/(m²K)**

Außen/kalt	
Kies	5,0 cm
Drainschicht	3,0 cm
Abdichtung	-----
Polystyrol	2,0 cm
Steinwolle	36,0 cm
Stahlbetondecke	18,0 cm
Innenputz	0,3 cm
Innen / warm	

Bodenplatte   **U = 0,14 W/(m²K)**

Innen / warm	
Parkett	1,1 cm
Estrich	5,8 cm
Polystyrol	26,0 cm
Stahlbetonplatte	25,0 cm
Erdreich	

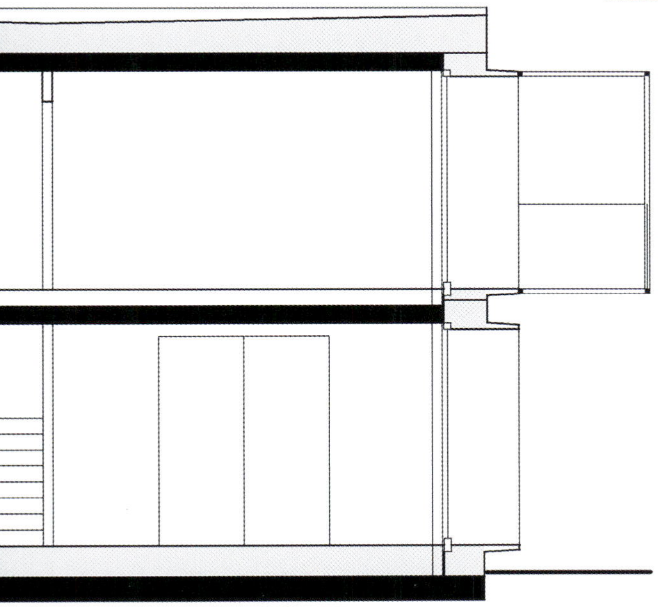

level apartment buildings, the main building facade of the passive house project in Knie is oriented toward the southwest/west; the entry is located on the northeast side of the building. The simple cube is separated by protruding balconies of various depths.

The living, dining and kitchen area is located on the ground level. This can be constructed with an open design or with light separating walls, depending on the wishes of the customer. Access is from the northeast side of the house. The guest half bath is located next to the entrance along with an anteroom with wardrobe, where the compact heating and ventilation unit is also located. The upper level contains three bedrooms, a bathroom and a large hallway. The garage is situated in the northeast. The cellar is located under the garage and is accessed via a separate stairway outside of the thermal shell. The hallway between the

Außenwand 1   U = 0,12 W/(m²K)

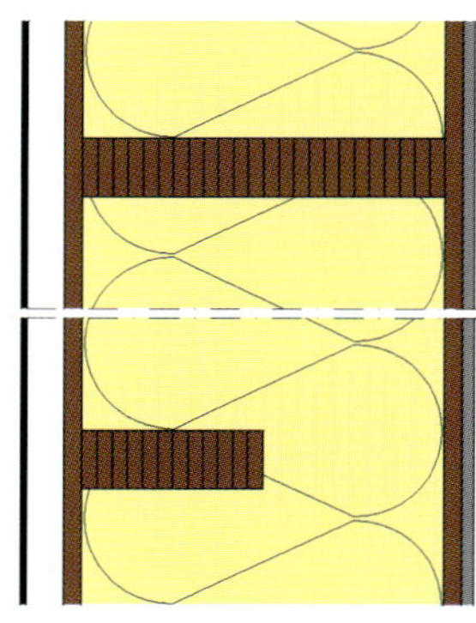

Außen / kalt

Max-Compaktplatten geklebt	0,6 cm
Konterlattung	3,7/6 bzw 10
OSB-Platte	1,8 cm
Konstruktion Brettschichtholz	6/36
jeder zweite Steher BSH	6/18
Steinwolle	2x 18 cm
OSB-Platte Stösse abgeklebt	1,8 cm
Gipskartonplatte	1,25 cm

Innen / warm

Außenwand 2 (Bad, Technik, Stiege)   U = 0,09 W/(m²K)

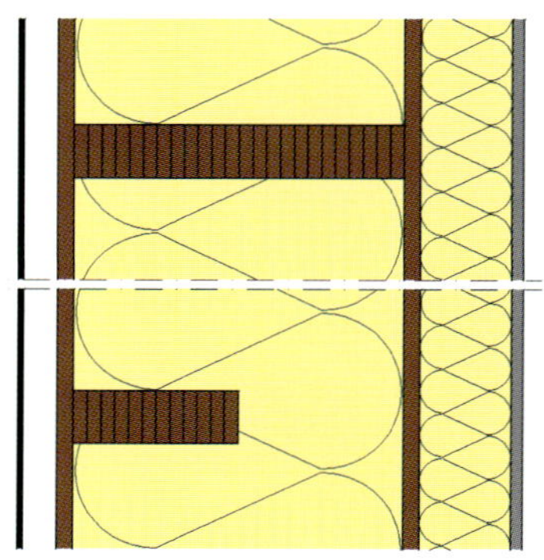

Außen / kalt

Max-Compaktplatten geklebt	0,6 cm
Konterlattung	3,7/6 bzw 10
OSB-Platte	1,8 cm
Konstruktion Brettschichtholz	6/36
jeder zweite Steher BSH	6/18
Steinwolle	2x 18 cm
OSB-Platte Stösse abgeklebt	1,8 cm
Steinwolle	10,0 cm
Gipskartonplatte	1,25 cm

Innen / warm

house and the cellar stairs is covered with a glass roof.

A new mixed method construction system was developed for this building. The primary structure consists of solid floors on steel supports, highly thermally insulated wall elements are attached to the outside of this structure.

Ventilation Concept

A central ventilation device with air-to-air

Lüftung und Warmwasserbereitung erfolgt durch ein Wärmepumpenkompaktgerät mit einem Beistellspeicher für die Warmwasserbereitung.

Luftdichtetest

Für das Projekt wurden mehrere Luftdichtetests durchgeführt, die festgestellten Mängel konnten nur zum Teil behoben werden. Beim abschließenden Test wurde ein n50-Wert von 1,1 h-1 im Mittel zwischen Unterdruck- und Überdrucktest bestimmt. Dieser Wert liegt deutlich unter dem Wert üblicher Neubauten. Der Passivhausgrenzwert von 0,6 h-1 wird jedoch deutlich ver-

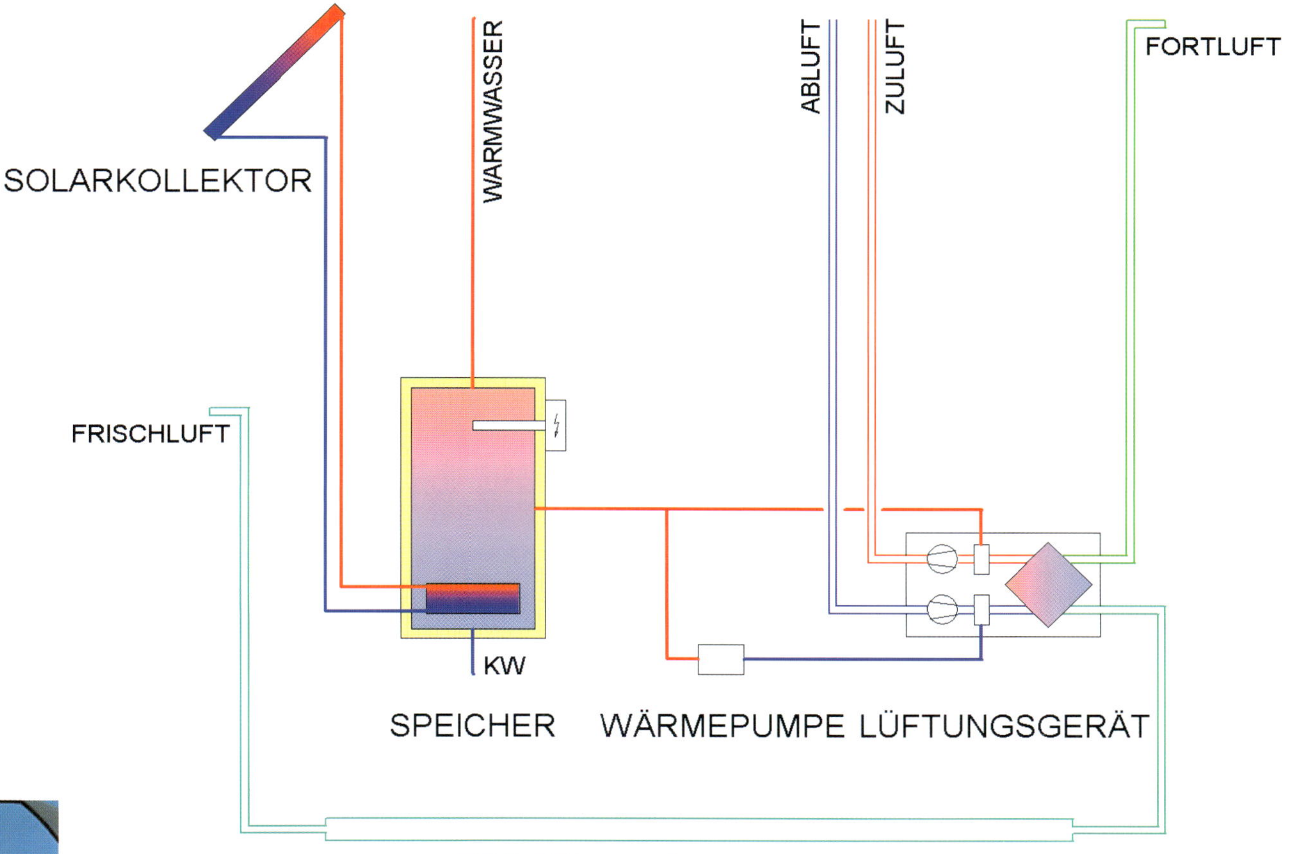

fehlt. Die größten Leckagen waren an folgenden Stellen zu finden:

◊ zwischen Glashalteleiste und Flügelrahmen
◊ Steckdosen
◊ Anschluss Fußboden zur Außenwand im Abstellraum

Einige Undichtheiten wurden mit Hilfe der Thermografie visualisiert. Die genauen Analysen sind zu finden im entsprechenden Detailbericht unter **www.cepheus.at**.

heat converter connected to an air-to-air heat pump provides both the fresh air supply and the supply of the required room heat. The suction takes place through a central ground heat exchanger.

The supply air is fed to the living and dining area and the bedrooms through floor outlets near the windows. The exhaust air is sucked away through ceiling and wall openings in the kitchen and bathroom as well as the guest half bath and brought to the central heat converter. The air overflow takes place through 15 mm slits between the floor and the door panel. The heating, ventilation and warm water preparation is performed by a compact heat pump unit with a reservoir for warm water preparation.

Air Tightness Test

Multiple air tightness tests were performed for the project. The faults discovered could only be partially corrected. In the concluding test, an n50 value of 1.1 h-1 as an average between underpressure and overpressure was determined. This value is significantly lower than for typical new structures. However, it is significantly higher than the passive house limit of 0.6 h-1. The largest leaks were found at the following locations:

◊ Between glass support strips and the window frames
◊ Sockets
◊ Connection between the floor and the exterior wall in the store-room

Some of the leaks were visualized with the help of thermography. The exact analyses can be found in the corresponding detailed report at **www.cepheus.at**.

Kosten

Bauwerkskosten: 1.939 Euro pro m², bzw. 241.598 Euro pro Wohneinheit

Beteiligte

Bauträger und Bauherr:
Fussenegger & Rümmele GmbH, Dornbirn

Architekten:
Simon Rümmele, Gerhard Ströhle, Dornbirn

Haustechnik:
Dexel Solarlufttechnik und Lüftungsbau GmbH, Bregenz

Costs

Building costs: 1,939 Euro per m², or 241,598 Euro per apartment unit

Participants

Building contractor and owner:
Fussenegger & Rümmele GmbH, Dornbirn

Architects:
Simon Rümmele, Gerhard Ströhle, Dornbirn

Building services:
Dexel Solarlufttechnik und Lüftungsbau GmbH, Bregenz

Bauphysik:
Dipl.-Ing. Dr. Lothar Künz, Hard

Planung Solaranlage:
Hermann Mühlburger, HKS GmbH, Rankweil

Zeitlicher Rahmen

Baubeginn:	März 1999
Rohbau:	Herbst 1999
Fertigstellung:	Dezember 1999
Bezug:	Dezember 2000

Building physics:
Dipl.-Ing. Dr. Lothar Künz, Hard

Solar system planning:
Hermann Mühlburger, HKS GmbH, Rankweil

Time Frame

Start of construction:	March 1999
Shell:	Autumn 1999
Completion:	December 1999
Move-in:	December 2000

Einfamilienhaus Horn

Standort und Klima

Die Stadt Horn mit etwas mehr als 6.000 Einwohnern bildet das Zentrum des gleichnamigen Bezirks im nördlichen Niederösterreich. Der Bauplatz liegt unweit des historischen Stadtkerns in einem Gebiet, das überwiegend durch Einfamilienhäuser geprägt ist, 309 m über Meeresniveau. Im Süden und Westen des Grundstücks erstrecken sich landwirtschaftlich genutzte Felder, die eine weitgehend ungestörte Aussicht ermöglichen. An der Ostseite schließt, durch eine Straße getrennt, eine Einfamilienhauszeile an.

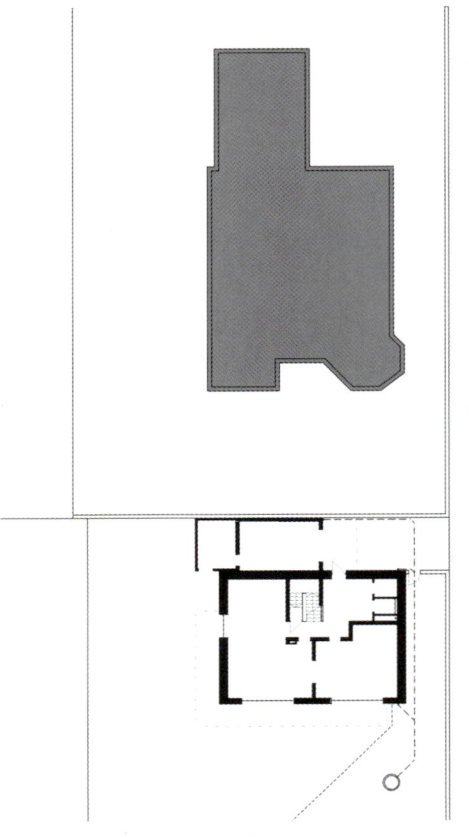

Location and Climate

With more than 6,000 residents, the town of Horn is the center of the district of the same name in the northern part of Lower Austria. The construction site is located near the historic city center in an area which is primarily characterized by single family houses at 309 m above sea level. Agriculturally utilized fields stretch along the south and west of the property which allow an almost completely

undisturbed view. On the east side is a row of single family houses, separated by a street.

The passive house itself was positioned in the northeast corner of the property to ensure easy access and a large garden area. This convenient location also means that, except for a short period in the morning, the house is almost always in the sun, even during the winter.

The long-term values of the important climatic data are listed as follows: 8.2°C average outdoor temperature, 3,857 Hd and 2,865 Wh/(m²d) average daily solar radiation on a horizontal surface.

Obergeschoss/Upper Level

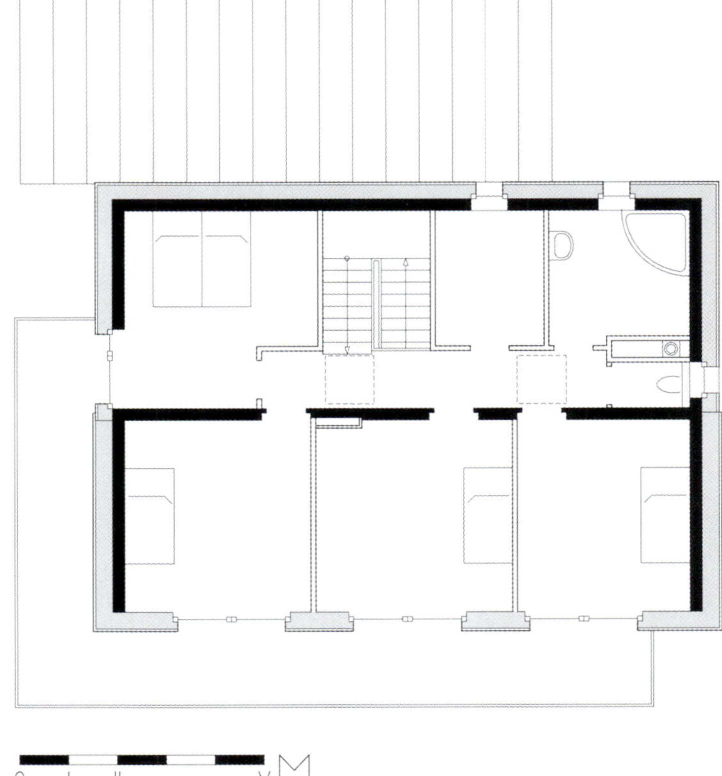

Das Passivhaus selbst wurde in der Nordostecke des Grundstücks angeordnet, um eine einfache Erschließung und einen großzügigen Gartenbereich sicherzustellen. Durch diese günstige Lage ist das Haus mit Ausnahme einer kurzen Periode am Morgen auch im Winterhalbjahr nahezu immer besonnt.

Als langjährige Werte der wichtigsten Klimadaten werden angeführt: 8,2°C mittlere Außentemperatur, 3.857 Hd und 2.865 Wh/(m²d) mittlere tägliche Globalstrahlung auf horizontaler Fläche.

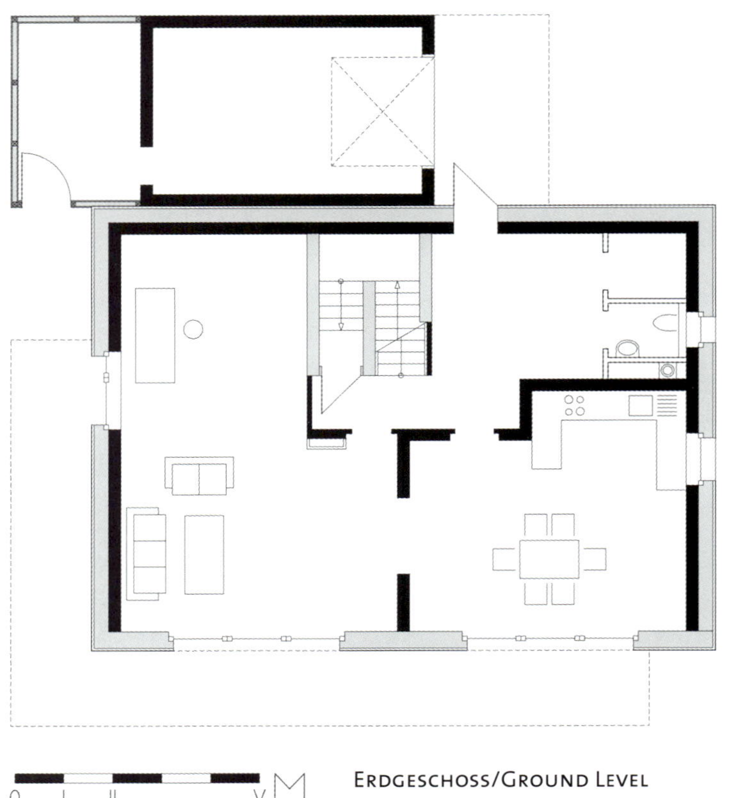

ERDGESCHOSS/GROUND LEVEL

Building Description

The passive house in Horn is a construction prototype of a prefabricated house development. The development is oriented around the following basic principles. In a compact structure, the main living areas are situated in a zone on the south side of the building with a large window area; separated by an interior wall, access areas and side rooms are situated on the north side. As roof shapes, monopitch and gabled roofs are possible, among others. At the customer's request, the gabled roof variant was used. As a consequence, two skylights meeting passive house standards had to be installed for natural lighting of the hallway in the upper level.

A cellar was excavated beneath the entire house. Due to the interior descending stairway it was necessary to insulate the structural elements separating the house and cellar appropriately. However, the temperature in the cellar is influenced by moderate thermal insulation and somewhat through heat dissipated from the technical room; this results in only minimal temperature differences from the living rooms.

Baubeschreibung

Beim Passivhaus Horn handelt es sich um den Bauprototyp einer Fertighausentwicklung. Die Entwicklung orientierte sich an folgenden Grundprinzipien: In einem kompakten Baukörper werden in einer südseitig gelegenen Zone mit großzügigen Verglasungen die Hauptwohnräume angeordnet, auf der Nordseite werden durch eine Mittelmauer getrennt Erschließungsbereiche und Nebenräume untergebracht. Als Dachformen sind unter anderem Pult- und Satteldächer möglich. Auf Wunsch des Bauherrn wurde die Variante Satteldach ausgeführt. Dies hatte zur Konsequenz, dass zur natürlichen Belichtung des Vorraums im Obergeschoss zwei passivtaugliche Dachflächenfenster eingebaut werden mussten.

Das Haus ist vollständig unterkellert. Durch den innen liegenden Stiegenabgang ergab sich die Notwendigkeit,

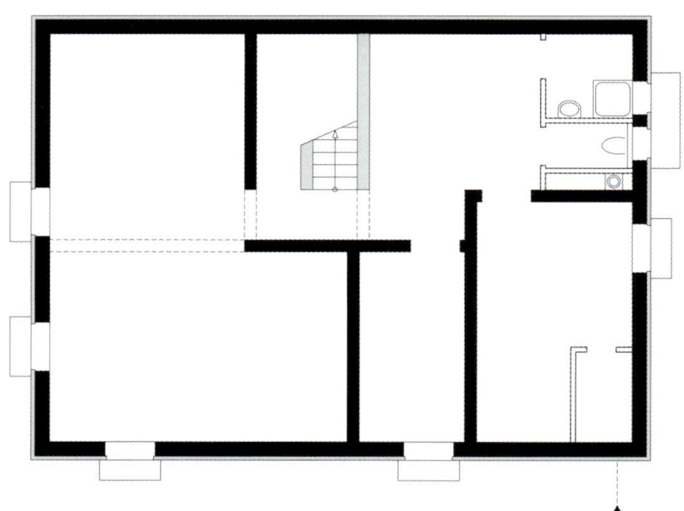

KELLERGESCHOSS/CELLAR LEVEL

die Trennbauteile zum Keller entsprechend zu dämmen. Allerdings wird der Keller durch eine moderate Wärmedämmung und ein wenig durch die Abwärme des Technikraums temperiert, sodass nur geringe Temperaturunterschiede zu den Wohnräumen auftreten.

Das Gebäude wurde in einer Kombination von Massiv- und Leichtbauteilen ausgeführt. Da bauökologische Gesichtspunkte für die Bauherrschaft einen hohen Stellenwert hatten, wurde neben den hohen bauphysikalischen Anforderungen auch auf besonders umweltfreundliche Materialien geachtet. So wurden Ost-, West- und Nordwand mit einem Recyclingziegel gemauert und die Innenwandflächen mit Lehm verputzt. Außen wurde auf Stegträgern eine dampfdiffusionsoffene Platte angeschraubt und der verbleibende Hohlraum mit Zellulose gedämmt. Schließlich wurde auf einem Teil der Wandflächen eine hinterlüftete Lärchenschalung angebracht. Der andere Teil wurde nach Anbringung eines Putzträgers verputzt. Bei den Leichtbauteilen Südwand und Dach wurden ebenfalls Stegträger mit innen liegender OSB-Platte verwendet und die Hohlräume mit Zellulose gefüllt. Zur thermischen Trennung der Massivbauteile zwischen Erd- und Kellergeschoss wurden Gasbetonsteine eingesetzt. Im

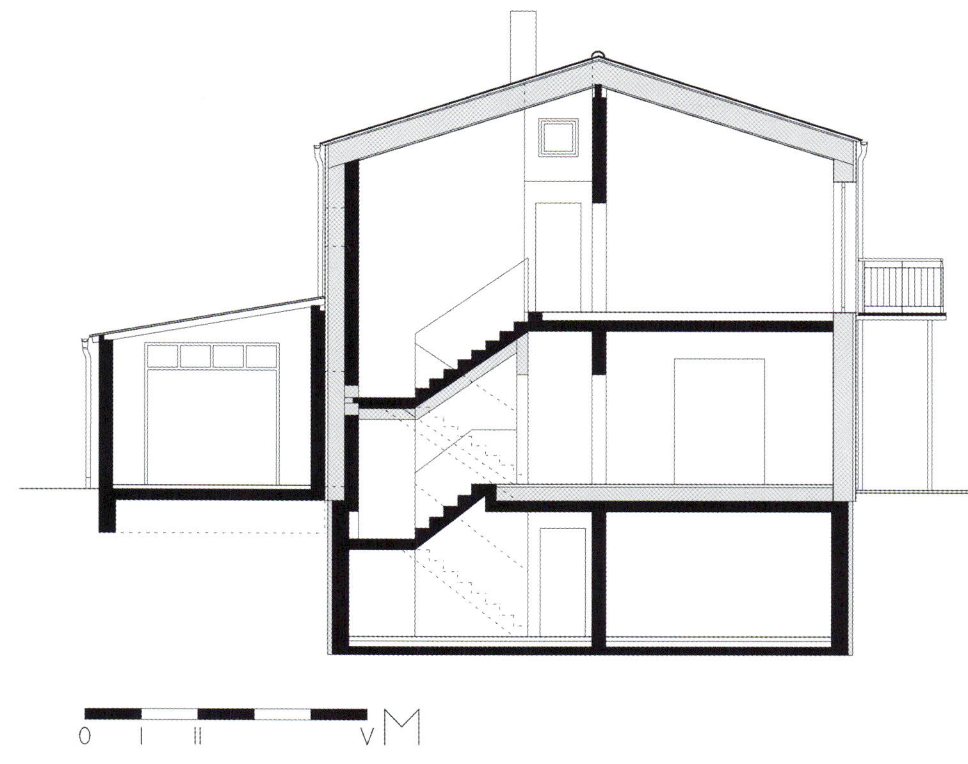

The building was designed as a combination of solid and lightweight elements. Because ecological perspectives were of great importance to the

Dach

U = 0,09 W/(m²K)

Außen / kalt
Dachziegel	
Lattung	3,0 cm
Konterlattung	3,0 cm
diffusionsoffene Dachbahn	-----
MDF-Platte	1,6 cm
TJI 406 / Zellulose	40,6 cm
OSB-Platte	1,5 cm
Dampfbremse	-----
Lattung / Installation	3,0 cm
Gipskartonplatte	1,5 cm
Dünnputz	0,5 cm

Innen / warm

Kellerdecke

U = 0,13 W/(m²K)

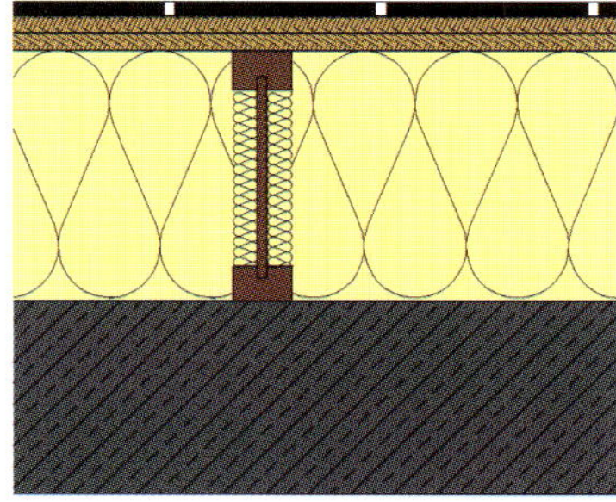

Innen / warm
Belag	1,5 cm
OSB-Platten	2x1,8 cm
TJI 254/58 / Hanf	25,4 cm
Stahlbetondecke	20,0 cm

Keller / unbeheizt

Horn

owners, care was taken to use particularly environmentally friendly materials in addition to meeting the high structural requirements. Therefore, the east, west and north walls were constructed with recycled brick and the interior wall surfaces plastered with loam. On the outside, vapor diffusion open panels were bolted onto a supporting frame and the remaining cavity was insulated with cellulose. Finally, a rear ventilated larch siding was attached to part of the wall surfaces. The other part was plastered after attachment of a plaster base. For the lightweight south wall and roof, support frames with OSB board mounted on the inside were again used and the cavity filled with cellulose. Autoclaved aerated concrete was used for thermal separation of the solid elements between the ground and cellar levels. Flax was used as the insulating material in the floor above the cellar.

Fußboden zum Keller wurde als Dämmstoff Flachs eingebracht.

Für dieses Projekt wurden passivhaustaugliche Reinholzfenster mit einer Stocktiefe von 13 cm entwickelt und die Randanschlusse PU-Schaumfrei mit Kokosfaser eingedichtet. Für das Dachflächenfenster wurde auf die Kastenbauweise zurückgegriffen und zwei Holzflügel mit 2-fach-Wärmeschutzglas eingebaut.

Um den Sonnenschutz für die großflächigen, südseitigen Verglasungen sicherzustellen, dient einmal der Balkon, der das Erdgeschoss beschattet, sowie eine feststehende Holzlamelle im Obergeschoss.

All-wood window frames with a frame depth of 13 cm and meeting passive house standards were developed for this project, and the edges were sealed with coconut fiber (free of PU foam). Box design was used for the skylight, and two wooden casements with double heat-insulating glass were installed.

The balcony, which shades the ground floor, and a fixed wooden lamella in the upper level serve to ensure sun protection for the large, south-side windows.

Lüftungskonzept

Es wurde ein konventionelles Lüftungskonzept für Einfamilienhäuser mit Vorwärmung im

Ventilation Concept

A conventional ventilation concept for single family houses was selected with pre-heating in the ground heat exchanger, highly efficient air-to-air heat exchanger and supplemental heating register. The supply air regulation can be set to

Erdreich-Wärmetauscher, hocheffizientem Luft-Luft-Wärmetauscher und Nachheizregister verwirklicht. Die Luftzufuhrregelung ist dreistufig wählbar. Die gewünschte Raumlüfttemperatur im Wohnzimmer kann vorgegeben werden. Falls dazu die Leistung des Nachheizregisters nicht ausreichen sollte, wird ein kleiner (8 m²) hydraulisch beheizter Unterputz-Wandheizkörper zugeschaltet.

Da alle Sanitärräume auch über Außenfenster gelüftet werden können, steht es den Bewohnern frei, die Lüftungsanlage im Sommer abzuschalten. Daher wurde auch kein Bypass für den

Außenwand massiv verputzt   U = 0,10 W/(m²K)

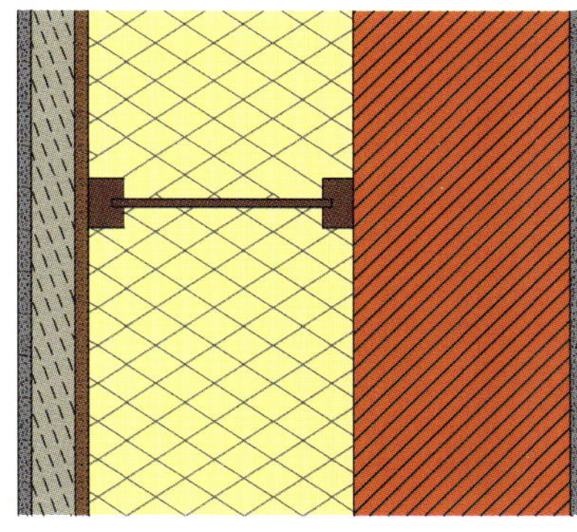

Außen / kalt	
Außenputz	1,5 cm
Holzwolle-Leichtbau-Platte	5,0 cm
MDF-Platte	1,6 cm
TJI 302/58 / Zellulose	30,2 cm
Speicherziegel	25,0 cm
Innenputz	1,5 cm
Innen / warm	

massiv verschalt   U = 0,10 W/(m²K)

Außenwand Leichtbau verschalt   U = 0,10 W/(m²K)

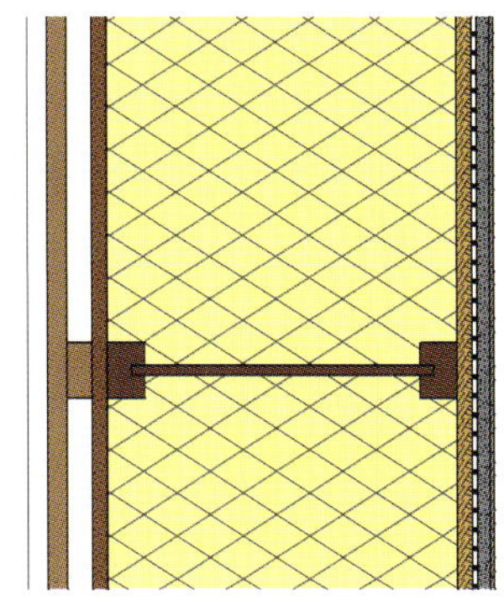

Außen / kalt	
Lärchenstulpschalung	2,0 cm
Lattung / Hinterlüftung	2,5 cm
MDF-Platte	1,6 cm
TJI 350 / Zellulose	35,0 cm
OSB-Platte	1,5 cm
Baupapier	-----
Gipskartonplatte	1,25 cm
Dünnputz	0,5 cm
Innen / warm	

Leichtbau verputzt   U = 0,09 W/(m²K)

TRAUFE

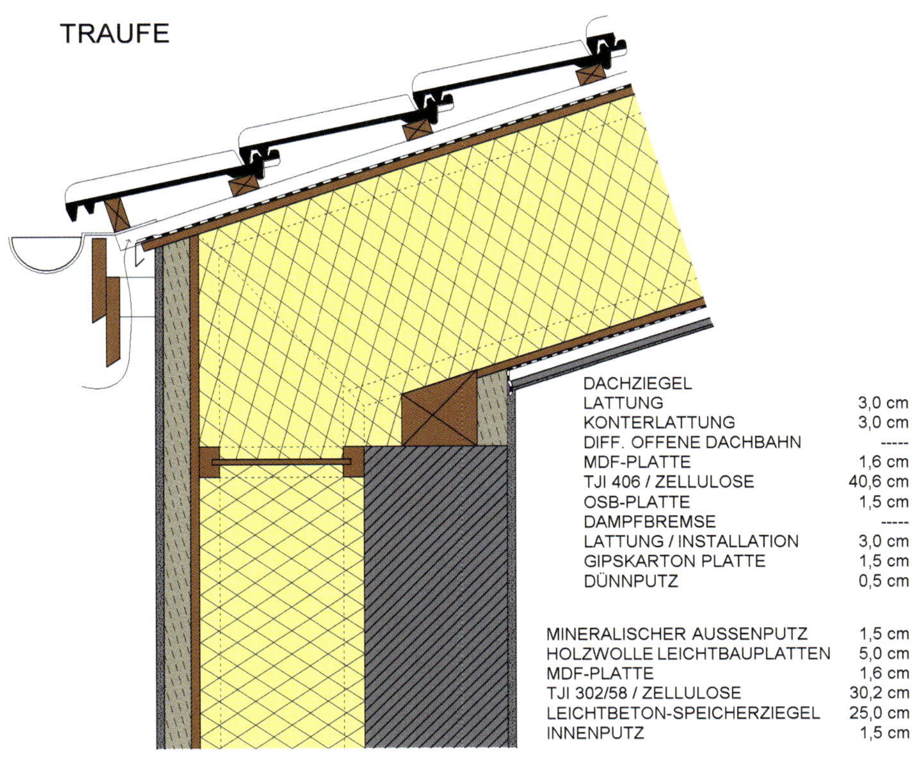

DACHZIEGEL	
LATTUNG	3,0 cm
KONTERLATTUNG	3,0 cm
DIFF. OFFENE DACHBAHN	-----
MDF-PLATTE	1,6 cm
TJI 406 / ZELLULOSE	40,6 cm
OSB-PLATTE	1,5 cm
DAMPFBREMSE	-----
LATTUNG / INSTALLATION	3,0 cm
GIPSKARTON PLATTE	1,5 cm
DÜNNPUTZ	0,5 cm

MINERALISCHER AUSSENPUTZ	1,5 cm
HOLZWOLLE LEICHTBAUPLATTEN	5,0 cm
MDF-PLATTE	1,6 cm
TJI 302/58 / ZELLULOSE	30,2 cm
LEICHTBETON-SPEICHERZIEGEL	25,0 cm
INNENPUTZ	1,5 cm

three levels. The desired room air temperature in the living room can be preset. If the capacity of the supplemental register is insufficient, a small (8 m²) hydraulically heated flush mounted wall heating element can be switched on.

Because all sanitary rooms can also be ventilated via outside windows, the residents are free to switch off the ventilation

Horn

Erdwärmetauscher vorgesehen. Im Lüftungsgerät wird der Wärmetauscher durch Umschalten einer Bypass-Klappe umgangen, wenn die aus dem Erdwärmetauscher austretende Frischluft einen zwischen 15 und 18° einstellbaren Wert überschreitet. Damit ist sichergestellt, dass bei hohen Außentemperaturen (>25°) die Bypassfunktion aktiviert und eine unerwünschte Erwärmung der Zuluft vermieden wird.

Die sechs Zuluftzonen bilden vier Schlaf- und Kinderzimmer im Obergeschoss sowie der Wohnbereich mit einem Teil der Essküche im Erdgeschoss. Die Vorräume in den beiden Geschossen werden als Überströmzonen genutzt. Als Abluftzonen dienen Küche, WC und Abstellraum im Erdgeschoss bzw. WC, Bad und Abstellraum im Obergeschoss. Für die Luftführung wurden Schächte, Leichtbauinnenwände, unechte Türstürze und in Bad, Abstellräumen und WCs abgehängte Decken verwendet. Sowohl für die Zuluft als auch für die Abluft wurden möglichst kurze Wege gewählt und Lüftungsöffnungen teilweise direkt in die Schächte eingeschnitten. Die Einbringung der vorgewärmten Frischluft erfolgt über Weitwurfdüsen in den Wänden, die überwiegend in Deckennähe angeordnet sind. Um die Überströmung bei den Türen sicherzustellen, wurden unter den Türblättern 1 cm hohe Schlitze frei gelassen. Für die Absaugung der verbrauchten Luft wurden konventionelle, runde Tellerventile ohne Filter im oberen Wandbereich eingebaut.

system in the summer. For this reason, no bypass for the ground heat exchanger was provided. In the ventilation device, the heat exchanger is bypassed by switching of a bypass valve when the fresh air exiting the ground heat exchanger exceeds a configurable threshold between 15 and 18°. This ensures that the bypass function is activated for high outside temperatures (>25°), and undesired heating of the supply air is avoided.

Heizwärme

Die Heizwärme wird über ein konventionelles, wärmegedämmtes Zweirohr-Leitungsnetz verteilt. Das Lüftungsgerät befindet sich unmittelbar neben dem Pufferspeicher im Technikraum unter der Essküche. So kann das Nachheizregister auf kürzestem Weg mit Wärme versorgt werden. Die zusätzlichen Wandheizflächen im Wohnbereich und im Bad werden über zwei Schächte, in denen auch die Luftkanäle geführt werden, bedient.

Die für das gesamte Haus erforderliche Wärme für Heizung und Warmwasser wird von einem Pelletofen im Keller und von Sonnenkollektoren auf dem Dach bereit gestellt. Der Pelletofen hat eine Heizleistung von 3 bis 10 kW und versorgt einen Pufferspeicher mit 800 Liter Volumen mit innen liegendem 200-Liter-Trinkwasserspeicher im oberen Drittel. Im unteren Bereich des Pufferspeichers ist ein Rohrwärmetauscher eingebaut, der vom 10 m² großen Kollektorfeld beschickt wird.

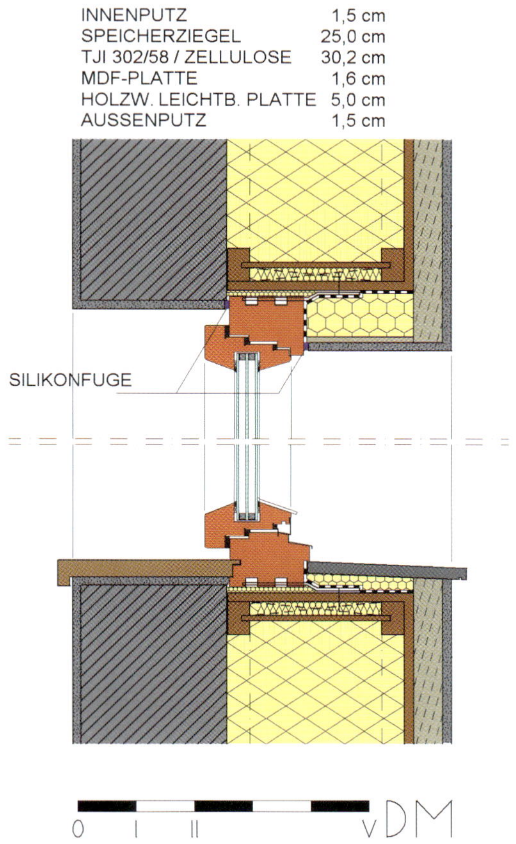

The six supply air zones are the four bedrooms and the nursery in the upper level and the living area with part of the kitchen on the ground level. The hallways on both levels are used as overflow zones. The exhaust zones are the kitchen, toilet and store room on the ground level and the toilet, bath and store room in the upper level. Shafts, lightweight interior walls, uneven door lintels and, in the bath, store rooms and toilets, hanging ceilings were used as air channels. The shortest possible paths were selected for both the supply air and the exhaust air, and ventilation openings were cut directly into the shafts in some instances. The pre-heated fresh air is brought in through wide-angle nozzles in the walls which are primarily situated near the ceiling. To ensure overflow at the doors, slits of 1 cm were left beneath the door panels. Conventional, round disk valves without filters were installed in the upper wall area for suction of the used air.

Horn

DACHFLÄCHENFENSTER

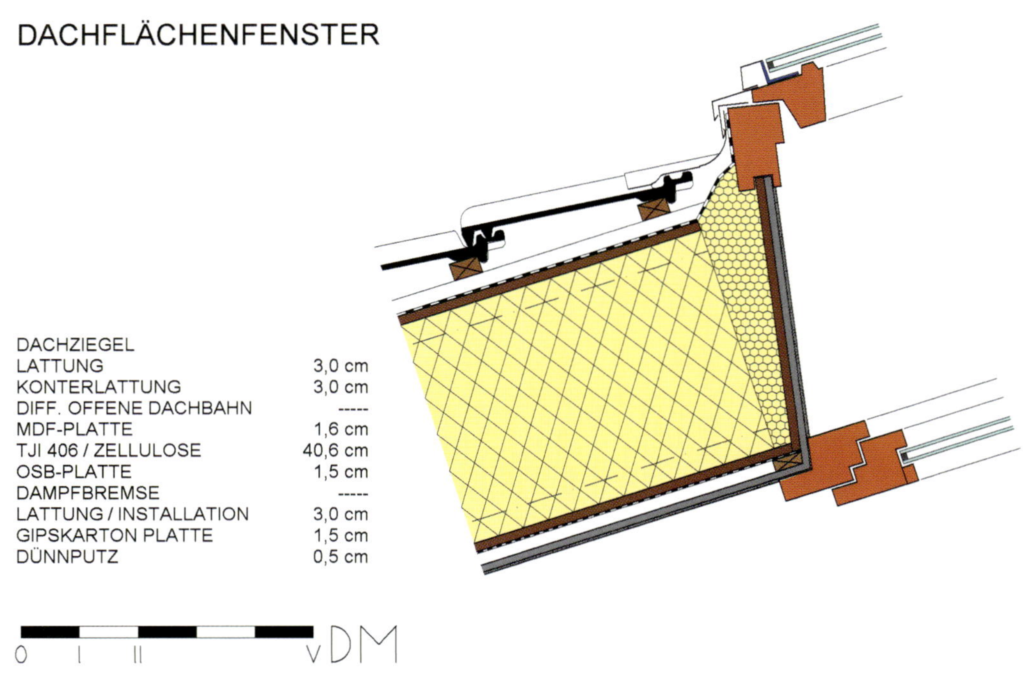

Kosten

Bauwerkskosten: 1.304 Euro/m² bzw. 225.286 Euro/Wohneinheit

Heat Distribution

The heat is distributed via a conventional, heat-insulated two-pipe network. The ventilation device is situated in the immediate vicinity of the storage tank in the technical room under the kitchen/dining room. This allows the supplemental heating register to be supplied with heat via the shortest path. The additional wall heating elements in the living room area and in the bath are supplied via two shafts through which the air ducts also run.

The heat required for heating and warm water for the entire house is generated by a pellet oven

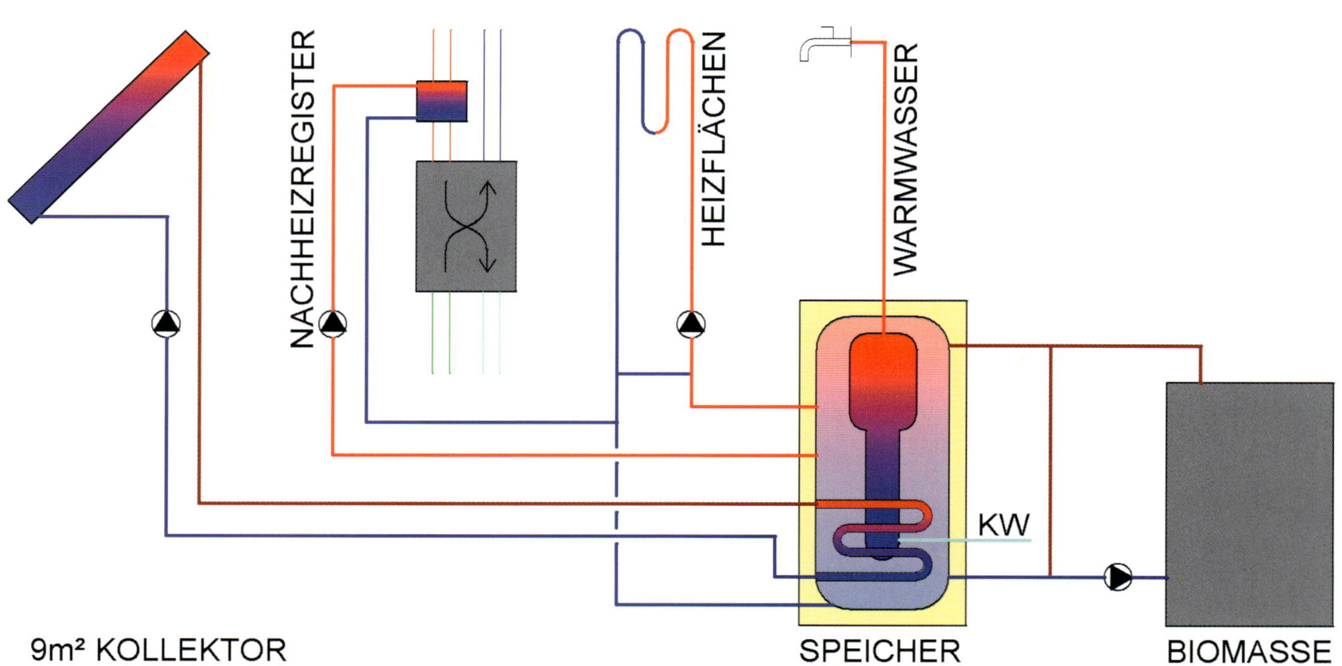

Beteiligte

Architekten:
Treberspurg & Partner, Wien

Bauphysik & Passivhausberatung:
Ingenieurbüro Wilhelm Hofbauer, Wien

Bauausführung:
Buhl GmbH, Gars am Kamp

Baumanagement:
Josef Seidl, Buhl GmbH, Gars am Kamp

Lüftungstechnik:
Lüftung Schmid, Krems

Zeitlicher Rahmen

Planungsbeginn:	Ende 1998
Baubeginn:	April 1999
Bezug:	Herbst 2000

in the cellar and solar collectors on the roof. The pellet oven has a heating capacity of from 3 to 10 kW and supplies an 800-liter storage tank with internal 200-liter drinking water tank in the upper third of the unit. A pipe heat exchanger is installed in the lower part of the tank which is supplied by the 10 m² solar collector.

Costs

Building costs: 1,304 Euro/m² or 225,286 Euro/ apartment unit.

Partners

Architects:
Treberspurg & Partner, Vienna

Building physics & passive house consulting:
Ingenieurbüro Wilhelm Hofbauer, Vienna

Construction:
Buhl GmbH, Gars am Kamp

Construction management:
Josef Seidl, Buhl GmbH, Gars am Kamp

Ventilation equipment:
Lüftung Schmid, Krems

Time Frame

Start of planning:
End of 1998
Start of construction:
April 1999
Move-in:
Autumn 2000

Horn

Autoren

12

Dipl.-Ing. Helmut **Krapmeier**
Energieinstitut Vorarlberg
Stadtstr. 33
A-6850 Dornbirn
++43/(0)5572/312 02-61
krapmeier.energieinstitut@ccd.vol.at

Architekturstudium an der TU Wien, Diplomarbeit „Wärmetechnische und solare Gebäudesanierung"; ◊
Nachdiplomstudium Energie- und Umweltmanagement an der TU Berlin; Lehrgang „Ökologie: Mensch und Umwelt" DIFF-Tübingen; Arbeitskreis „Architektur und Ökologie" an der TU München.

Nach mehrjähriger Planungs- und Bauleitungstätigkeit in Architekturbüros in Wien und München ◊ Mitbegründung von ITEM – Ingenieurteam für Energie- und Umwelttechnik in München.

Seit 1990 bis dato am Energieinstitut Vorarlberg: Leiter des Bereiches Solararchitektur und der ◊ Internationalen Solarbauschule Vorarlberg; Projektleiter CEPHEUS-Austria.

Seit 1997 bis dato Gastprofessor an der Donauuniversität Krems am Zentrum für Bauen und Umwelt, ◊ Universitätslehrgang „Solararchitektur".

2000 Träger des „Europäischen Solarpreises für Architektur und Städtebau", verliehen durch EuroSolar. ◊

Dipl.-Ing. Helmut **Krapmeier**
Energy Institute of Vorarlberg
Stadtstr. 33
A-6850 Dornbirn
++43/(0)5572/312 02-61
krapmeier.energieinstitut@ccd.vol.at

◊ Architecture studies at the Vienna Technical University (TU), dissertation on „Heat Engineering and Solar Building Renovation; „Post Graduate Studies in Energy and Environmental Management at Berlin Technical University; Course in „Ecology: Man and the Environment" DIFF Tübingen; Working Group „Architecture and Ecology" at TU Munich.
◊ ITEM – Ingenieurteam für Energie- und Umwelttechnik is founded in Munich in 1985, after having gathered many years of planning and building supervision experience at architecture firms in Vienna and Munich.
◊ Faculty member at the Energy Institute of Vorarlberg since 1990. Head of the Solar Architecture Department and of the International Solar Building School of Vorarlberg, CEPHEUS Austria Project Manager.
◊ Visiting Professor at the Danube University Krems and the Center for Building and the Environment from 1997 to date. Subject: „Solar Architecture".
◊ 2000 Winner of the „European Solar Prize for Architecture and Urban Building" awarded by Euro Solar.

Dipl.-Ing. Dr. Eckart **Drössler**
Geschäftsführer
Performance Dr. Drössler KEG
Ingenieurbüro & PR-Agentur
Steinebach 3
A-6850 Dornbirn
++43/(0)5572/228 23-0
edroe@performance.vol.at

◇ Studium und Promotion an der Montanuniversität Leoben von 1977 bis 1987, in dieser Zeit erste Verträge als Forschungsassistent.

◇ 1988 bis 1991 Mitarbeiter der Hilti AG in Schaan, Fürstentum Liechtenstein, erst im Bereich Innovation und Forschung, danach in der strategischen Produktionsplanung. Mitarbeit in der Arbeitsgruppe Ökobilanzen für Unternehmungen an der Hochschule St. Gallen.

◇ 1992 bis 1995 Mitarbeiter des Energiesparvereins Vorarlberg, Aufbau und Leitung des regionalen Energieberatungsdienstes sowie der Abwicklung der Vorarlberger Energiesparhausförderung.

◇ Seit 1995 selbstständig, Leitung eines Ingenieurbüros und einer PR-Agentur, Arbeitsschwerpunkte Marketing für Niedrigenergie- und Passivhausbauweise sowie für zugehörige Produkte und Veranstaltungen; Inhaber der Marke „3-Liter-Haus®", „2-Liter-Haus®" und „1-Liter-Haus®"

◇ Träger des Österreichischen Umweltpreises 2000 Kategorie Forschung und Technologieentwicklung für Erfindung eines Passivhaus-Vollholzfensters.

Dipl.-Ing. Dr. Eckart **Drössler**
General Manager
Performance Dr. Drössler KEG
Enginering Office & PR Agency
Steinebach 3
A-6850 Dornbirn
++43/(0)5572/228 23-0
edroe@performance.vol.at

◇ Studies and doctorate degree from the University of Leoben, 1977 to 1987.
◇ Staff member at Hilti AG in Schaan, Liechtenstein, from 1988 to 1991. Initial work in the field of innovation and research. Then involved in strategic product planning. Contributor to the Ecological Balances for Enterprises Work Group at the University of St. Gallen.
◇ Employed at the Energy Saving Association of Vorarlberg from 1992 to 1995. Development and coordination of the Regional Energy Advisory Service. Also responsible for the Vorarlberg Energy Saving House Subsidy Fund.
◇ Independent since 1995. Head of an engineering office and PR agency. The focus lies on marketing for low energy building methods, wood construction and the corresponding products. Owner of the following brands: „3-Liter-Haus®", „2-Liter-Haus®" and „1-Liter-Haus®".
◇ 1998 State Award for Wood Marketing together with the Vorarlberg Wood Marketing Association.
◇ Winner of the Austrian Environmental Prize 2000 in Research and Technology Development for the creation of a full-wood passive house window.

alle Fotos:

Mag. Ignacio **Martínez**
Kohlplatzstr. 9
A-6971 Hard
t/f 0043/5574/637 72
ignacio.martinez@i-one.at

1983 bis 1989 Studium der Informationswissenschaften, Schwerpunkt Bild/Audiovisuelle ◊
Kommunikation, Film/TV Aufnahmeleitung an der Universität Complutense in Madrid.
1988 bis 1989 Technische Hochschule Madrid. ◊
1990 Gründungsmitglied des Vereins für Fotografie in West-Asturien (AFOA). ◊
Seit 1982 Presse- und Editorialfotografie. ◊
1994 Übernahme und Weiterentwicklung des fotohistorischen Archivs Dr. Jesus Martínez. ◊
Seit 1995 als selbstständiger Architekturfotograf tätig. Zahlreiche Preise, ◊
Ausstellungen und Publikationen. Zusammenarbeit mit internationalen Institutionen,
Architekturzeitschriften und Verlagen.

all photos:

Mag. Ignacio **Martínez**
Kohlplatzstr. 9
A-6971 Hard
t/f 0043/5574/637 72
ignacio.martínez@i-one.at

◇ Studies in Information Sciences from 1983 to 1989. Main field: Image and Audiovisual Communication as well as Film/TV Production at the Universidad Complutense in Madrid.
◇ Studies at the Madrid Technical University from 1988 to 1989
◇ Founding member of the Photography Association of Western Asturias (AFOA) in 1990.
◇ Press and editorial photographer since 1982.
◇ Responsible for the supervision and development of the Dr. Jesus Martínez Photo Archive since 1994.
◇ Independent photographer since 1995. Winner of a number of prizes, contributor to exhibitions and publications. Cooperation with international institutions, architecture magazines and publishing houses.

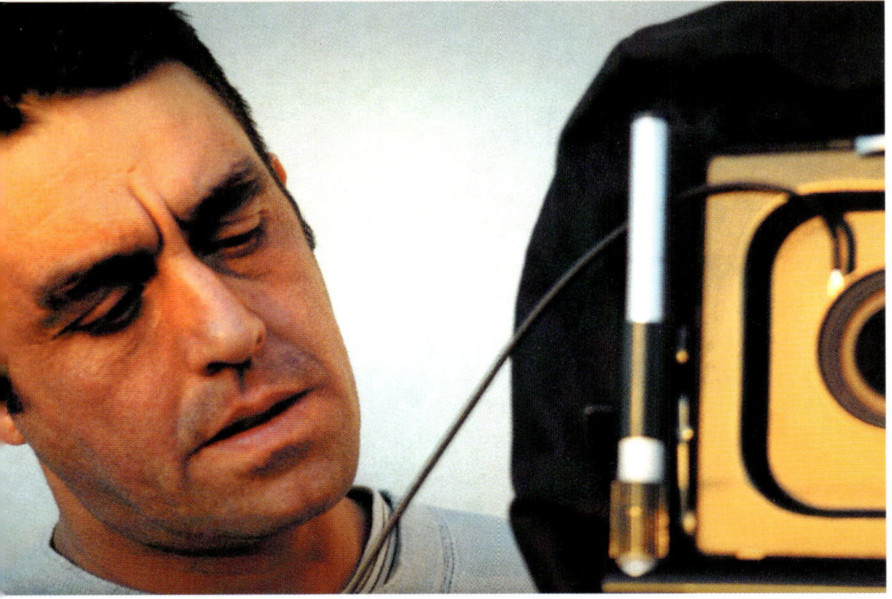

Anhang - Abkürzungen

Annex - Abbreviations

db	Dezibel	Decibel
Kd	Kelvin Tage	Kelvin days
kWh/(m²a)	Kilowattstunden per Quadratmeter und Jahr	Kilowatt hours per square meter and year
lowflow	Schichtladeverfahren	Shift loading process
ÖNORM	Österreichische Norm	Austrian construction standard
PV	Foto-Voltaik	photo voltaic
Wh/(m²d)	Wattstunden per Quadratmeter und Tag	Watts per square meter and day
W/m²	Watt per Quadratmeter	Watts per square meter
W/(m²K)	Watt per Quadratmeter und Grad Kelvin	Watts per square meter and degrees Kelvin
WNF	Wohnnutzfläche	Residential surface area

Page 15

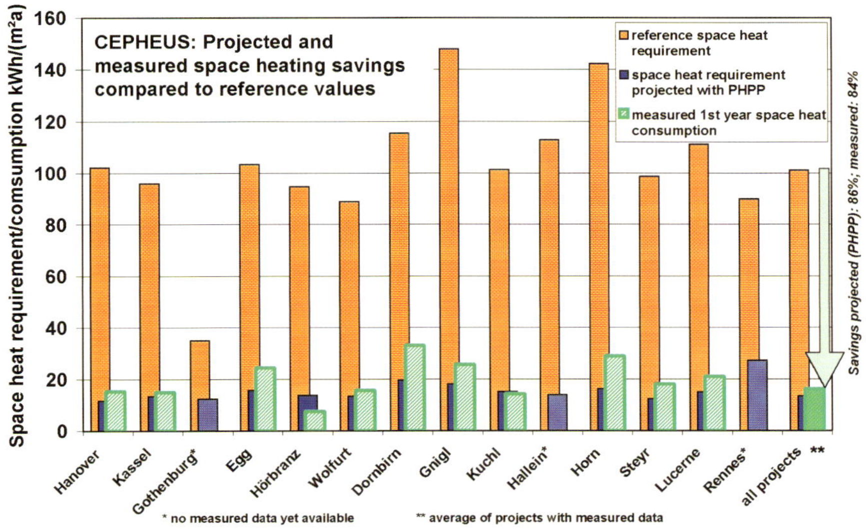

Page 16

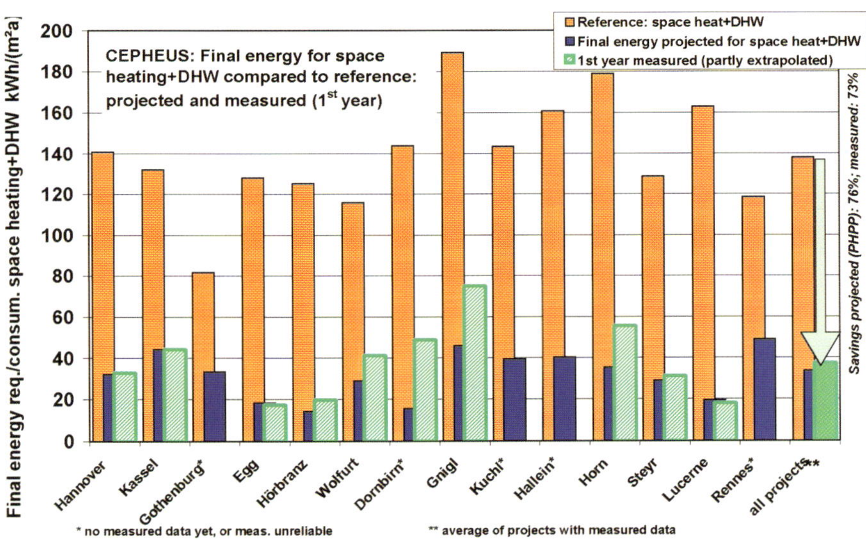

Page 17

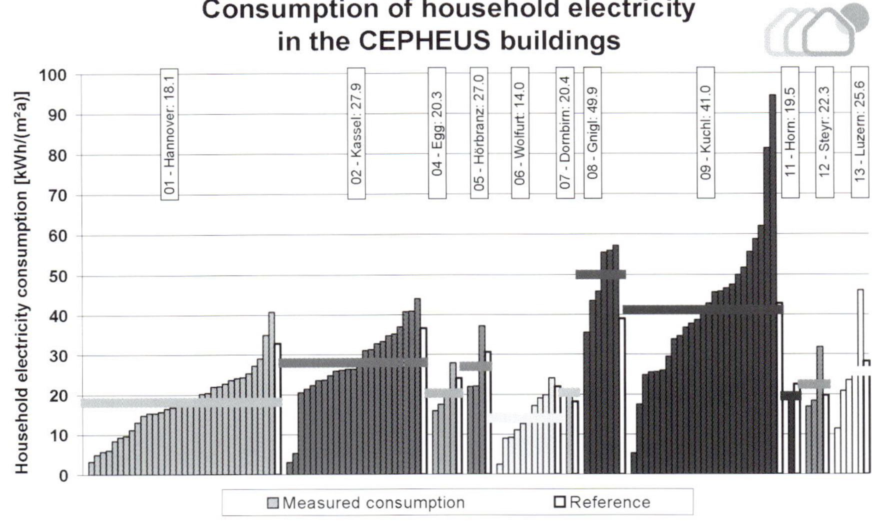

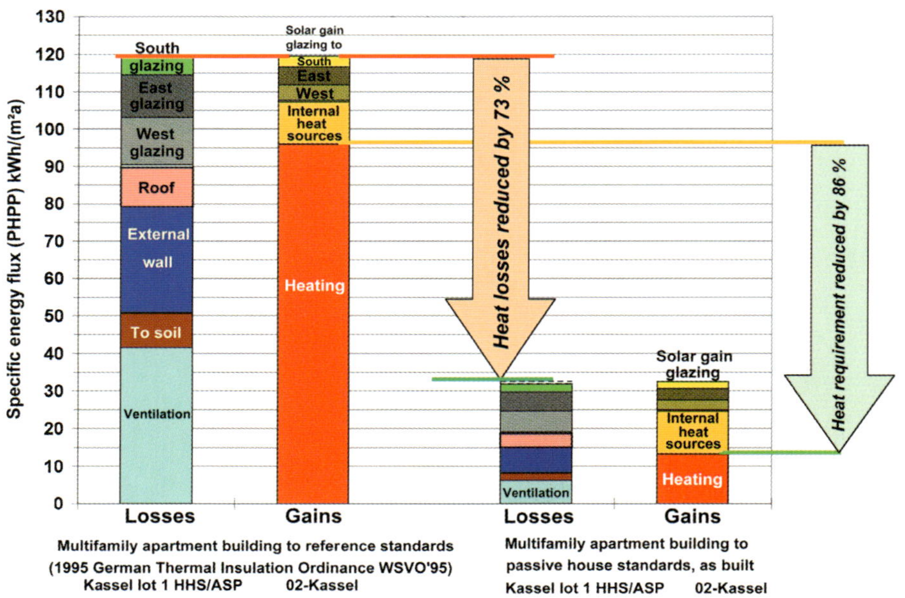

Multifamily apartment building to reference standards
(1995 German Thermal Insulation Ordinance WSVO'95)
Kassel lot 1 HHS/ASP   02-Kassel

Multifamily apartment building to
passive house standards, as built
Kassel lot 1 HHS/ASP   02-Kassel

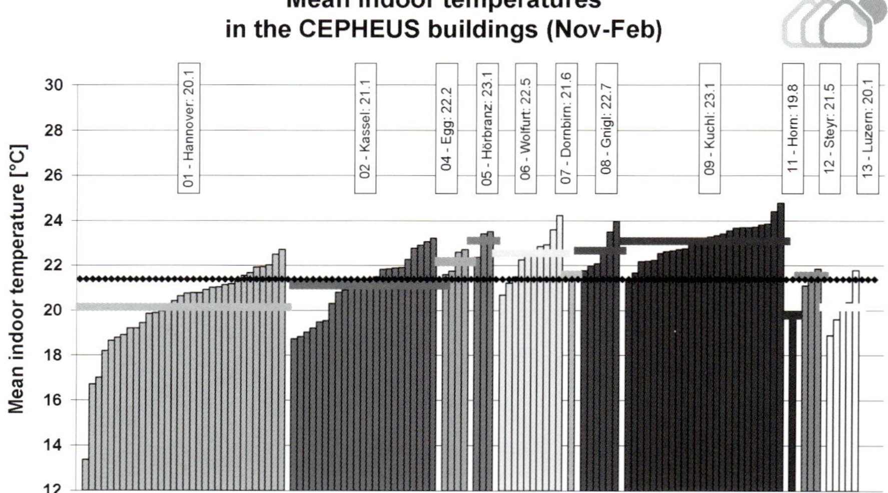

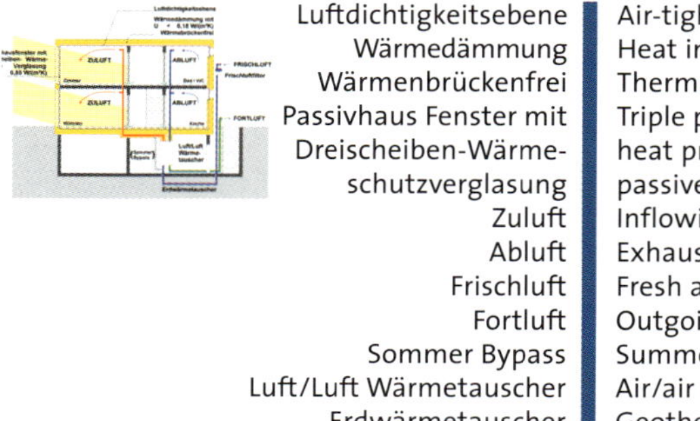

Luftdichtigkeitsebene	Air-tightness level
Wärmedämmung	Heat insulation
Wärmenbrückenfrei	Thermal bridge-free
Passivhaus Fenster mit	Triple pane
Dreischeiben-Wärme-	heat protective
schutzverglasung	passive house windows
Zuluft	Inflowing air
Abluft	Exhaust air
Frischluft	Fresh air
Fortluft	Outgoing air
Sommer Bypass	Summer bypass
Luft/Luft Wärmetauscher	Air/air heat exchanger
Erdwärmetauscher	Geothermal heat exchanger

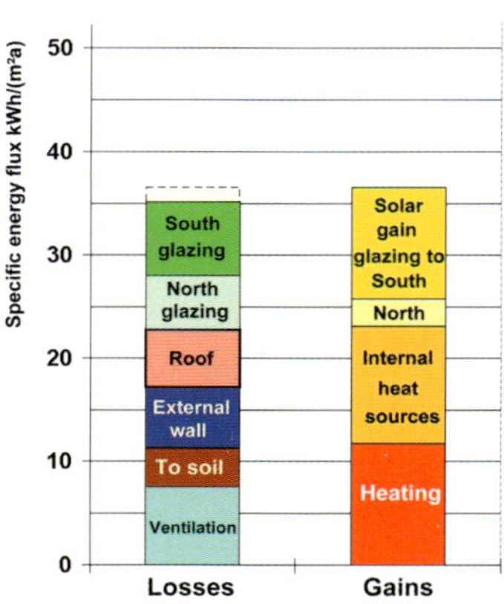

Representative 111.7 m² house in Hannover-Kronsberg
by Rasch & Partner   01-Hannover

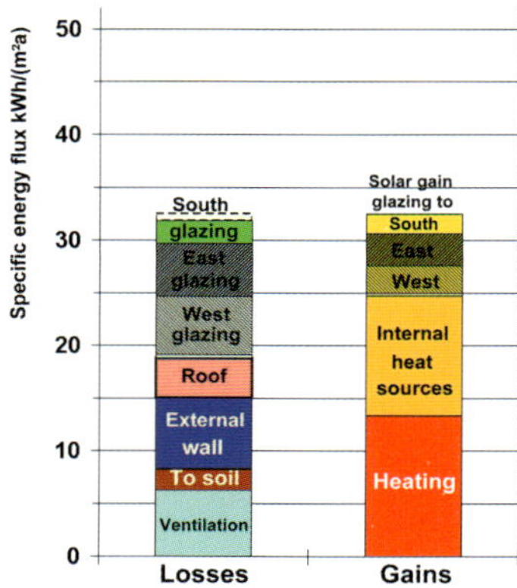

Multifamily apartment building to passive house standards
Kassel lot 1 HHS/ASP   02-Kassel

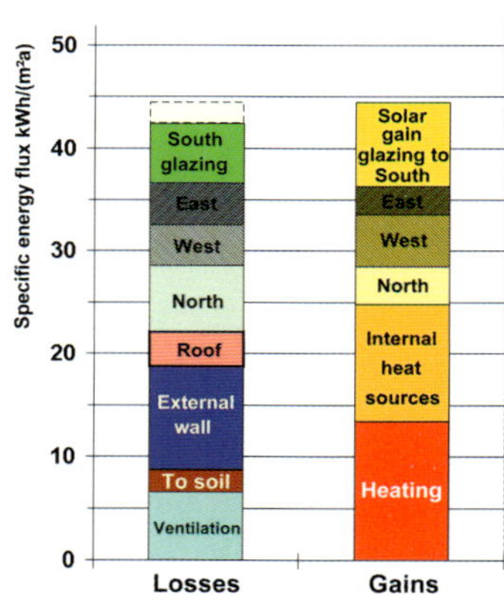

Multifamily passive house, block B
06-Wolfurt

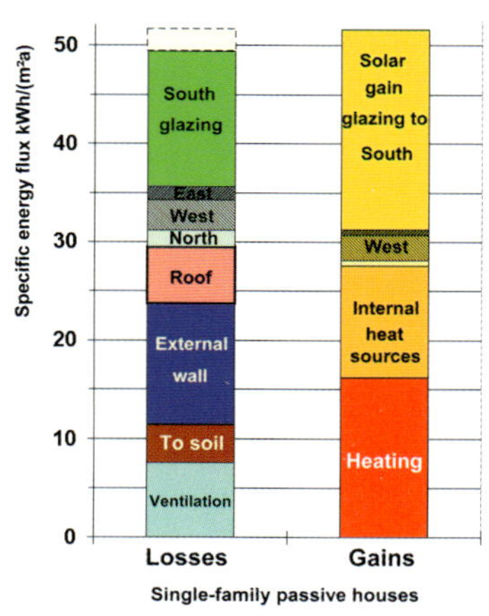

Single-family passive houses
11-Horn

Außenwand	Exterior wall
Außen/kalt	Outside/cold
Holzschalung	Wood boarding
Hinterlüftung	Rear ventilation
TYVEK-Folie	TYVEK foil
Gipsfaserplatte	Gypsum fiber board
TJI/Mineralwolle	TJI/mineral wool
OSB-Platte	OSB board
PE-Folie	PE foil
Mineralwolle	Mineral wool
Gipsfaserplatten	Gypsum fiber board
Innen/warm	Inside/warm

Südfassade Vertikal	South facade vertical
Parkett	Parquet
Zementestrich	Cement screed
PE-Folie	PE foil
Schüttung	Aggregate
STB-Decke	Reinforced concrete ceiling
Parkett	Parquet
Zementestrich	Cement screed
Polystyrol	Polystyrene
Kompriband	Jointing tape
Silikonfüge	Silicon joint
Festverglasung und Öffnungsflügel	Fixed glazing and opening
nicht in gleicher Schnittebene vorhanden	frame not available at the same cross-section level
Stahlwinkel	Steel angle
Brandschutzplatte	Fire protection board
Gipsfaserplatte	Gypsum fiber board
Mineralwolle	Mineral wool
Blechabdeckung	Steel sheet covering
Pfosten-Riegelkon.	Upright beam structure
Dämmprofil	Insulation profile
Abdichtung	Seal
Verblechung	Steel sheeting
Drei Schaumraupen	Foam
Mittlere ungeschnitten	Center one uncut

Sockel	Base
Holzschalung	Wood boarding
Hinterlüftung	Rear ventilation
TYVEK-Folie	TYVEK foil
Gipsfaserplatte	Gypsum fiber board
TJI/Mineralwolle	TJI/mineral wool
OSB-Platte	OSB board
PE-Folie	PE foil
Mineralwolle	Mineral wool
Gipsfaserplatte	Gypsum fiber board
Vorsatzschale auf Federbügeln	Lining on spring arms
Verblechung	Steel sheeting
Drei Schaumraupen	Foam
Mittlere ungeschnitten	Center one uncut
Bitumen vollflächig verklebt	Bitumen, full-surface glued
Parkett	Parquet
Zementestrich	Cement screed
STB-Decke	Reinforced concrete ceiling
Polystyrol	Polystyrene

Aussenwand Deckenanschluss	Exterior wall ceiling connection
Holzschalung	Wood boarding
Hinterlüftung	Rear ventilation
TYVEK-Folie	TYVEK foil
Gipsfaserplatte	Gypsum fiber board
TJI/Mineralwolle	TJI/mineral wool
OSB-Platte	OSB board
PE-Folie	PE foil
Mineralwolle	Mineral wool
2cm Montagetoleranz	2cm installation tolerance
mit Luftschalldämmung	with air-borne noise insulation
Perlitteplatte	Perlite panel
Parkett	Parquet
Zementestrich	Cement screed
TDPS	TDPS
Schüttung	Aggregate
STB-Decke	Reinforced concrete ceiling
Dichtungsband für Schallschutz	Sealing band for sound protection
Acrylfuge	Acrylic joint
Montagewinkel umlaufend	Installation angle all-round
Pressleiste im Bereich der Winkel	Pressure strip notched in the area
ausgeklinkt	of the installation angles

Standardattika	Standard attica
Selbstklebende Bitumenbahn	Self-adhering bitumen sheeting
Kies	Gravel
KPS-CO2 Geschäumt	KPS-CO2 foamed
Dichtungsbahn	Seal sheeting
Dampfsperre AL-K	Vapor barrier, aluminum coated
STB-Decke	Reinforced concrete ceiling
2 cm Montageluft	2cm installation air with
mit Luftschalldämmung	air-borne noise insulation
Fügenstösse abgeklebt	Joints taped over
Montagewinkel umlaufend	Installation angle, all-round
Vorsatzschale auf Federbügeln	Lining on spring arms
Holzschalung	Wood boarding
Hinterlüftung	Rear ventilation
TYVEK-Folie	TYVEK foil
Gipsfaserplatte	Gypsum fiber board
TJI/Mineralwolle	TJI/mineral wool
OSB-Platte	OSB board
PE-Folie	PE foil
Mineralwolle	Mineral wool
Gipsfaserplatte	Gypsum fiber board

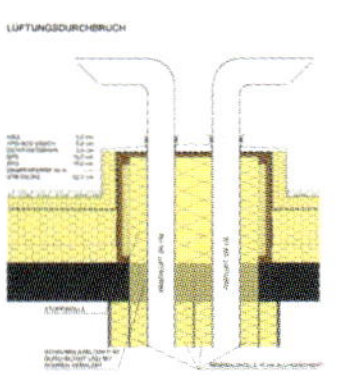

Aussenwanddecke	Exterior wall corner
Holzschalung	Wood boarding
Hinterlüftung	Rear ventilation
TYVEK-Folie	TYVEK foil
Gipsfaserplatte	Gypsum fiber board
TJI/Mineralwolle	TJI/mineral wool
OSB-Platte	OSB board
PE-Folie	PE foil
Mineralwolle	Mineral wool
Gipsfaserplatte	Gypsum fiber board
Vorsatzschale auf Federbügeln	Lining on spring arms
Pressleiste im Bereich von	Pressure strip notched in
Montagewinkeln ausgeklinkt	the area of the installation angles

Lüftungsdurchbruch	Ventilation opening
Kies	Gravel
XP5-CO2 Gesch.	XP5-CO2 foamed
Dichtungsbahn	Seal sheeting
Dampfsperre AL-K	Vapor barrier, aluminum-coated
STB-Decke	Reinforced concrete ceiling
Frischluft DN 150	Fresh air DN 150
Fortluft DN 150	Escaping air DN 150
Stopfwolle	Stuffing wool
Schaumglasblock F 90	Foam glass block F 90
Durchbohrt und mit Rohren verklebt	Drilled through with pipes glued
Mineralwolle 10 cm Alu-Kaschiert	Mineral wool 10 cm, aluminum-coated

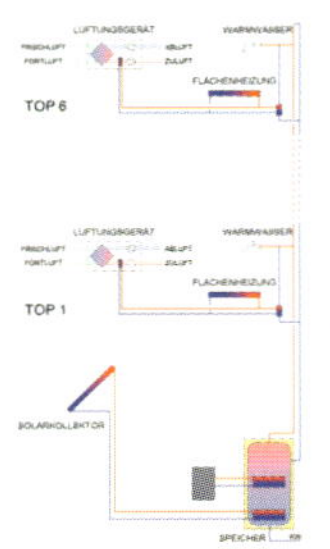

Lüftungsgerät	Ventilation device
Warmwasser	Warm water
Frischluft	Fresh air
Abluft	Exhaust air
Fortluft	Escaping air
Zuluft	Supply air
Flächenheizung	Radiant panel heating
Solarkollektor	Solar collector
Gasheizung	Gas heating
Speicher	Tank

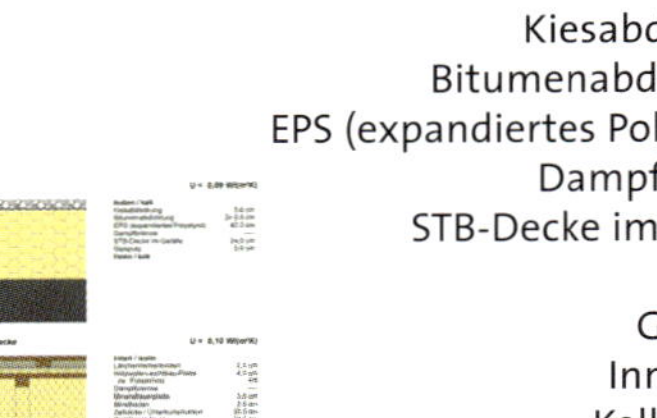

Dach	Roof
Außen/kalt	Outside/cold
Kiesabdeckung	Gravel covering
Bitumenabdichtung	Bitumen seal
EPS (expandiertes Polystyrol)	EPS (expanded polystyrene)
Dampfbremse	Vapor barrier
STB-Decke im Gefälle	Inclined reinforced concrete ceiling
Gipsputz	Gypsum plaster
Innen/kalt	Inside/cold
Kellerdecke	Cellar ceiling
Innen/warm	Inside/warm
Lärchenriemenboden	Larch frame floor
Holzwolle-Leichtbau-Platte	Wood wool building slab
zw. Polsterholz	betw. flooring joist
Dampfbremse	Vapor barrier
Mineralfaserplatte	Mineral fiber panel
Blindboden	False floor
Zellulose/Unterkonstruktion	Cellulose/substructure
Stahlbetondecke	Reinforced concrete ceiling
Keller/unbeheizt	Cellar/unheated
Nichttragende Wohnungstrennwand	Non-supporting separating wall
Gipskartonplatten	Gypsum plaster board
Steinwolle zw. Alu C-Profilen	Stone wool betw. alum. C profiles
Dampfbremse	Vapor barrier
Abstand zum Schallschutz	Distance to sound protection
Treppenhaus/unbeheizt	Stairwell/unheated

Außenwand 1	Exterior wall 1
Außen/kalt	Outside/cold
Lärchenschalung	Larch boarding
Hinterlüftung	Rear ventilation
MDF-Platte	MDF board
Riegel/Steinwolle	Beam/stone wool
OSB-Platte	OSB board
Dampfbremse	Vapor board
Steinwolle	Stone wool
zw. Alu C-Profilen	betw. alum. C profiles
Gipskartonplatte	Gypsum plaster board
Innen/warm	Inside/warm
Außenwand 2	Exterior wall 2
Außen/kalt	Outside/cold
Kupferblech	Copper sheet
Dachpappe	Roofing paper
Riegel/Steinwolle	Beam/stone wool
Innen/warm	Inside/warm

Vertikal Fenstertür	Vertical window door
Lärchenriemenboden	Larch frame floor
Holzw. Leichtb. Platten	Wood wool building slab
zw. Polsterholz	betw. flooring joist
Folie	Foil
TSD Mineralwolle	TSD mineral wool
Splittschüttung	Grit layer
STB-Decke	Reinforced concrete ceiling
Gipsputz	Gypsum plaster
Lärchenschalung	Larch boarding
Hinterlüftung	Rear ventilation
MDF-Platte	MDF board
Riegel/Steinwolle	Beam/stone wool
OSB-Platte	OSB board
Dampfbremse	Vapor barrier
Steinwolle	Stone wool
zw. Alu C Profilen	betw. alum. C profiles
Gipskarton	Gypsum plaster board
3S-Platte schwarz	3S board black
Ku Blech	Copper sheet
Sonnenschutz	Solar protection
Senkrechtmarkise	Vertical blind
Beton/Stahlstütze	Concrete/steel supports
Flansch	Flange
ICM Isolierplatte	ICM insulation board
Kupferblech	Copper sheet
Holzrost	Wood grate
Lärchenriemenboden	Larch frame floor
Holzw. Leichtb. Platten	Wood wool building slab
zw. Polsterholz	between flooring joints
Mineralfaserplatte	Mineral fiber board
Blindboden	False floor
Zellulose/Unterkon.	Cellulose/substructure
STB-Decke	Reinforced concrete ceiling
XPS + Abdichtung	XPS + seal
1 m tiefer geführt	run 1 m deeper

Dachanschluss	Roof connection
Kiesabdeckung	Gravel covering
Bitumenabdeckung	Bitumen covering
EPS Wärmedeckung	EPS thermal insulation
Dampfbremse	Vapor barrier
STB-Decke Im Gefälle	Inclined reinforced concrete ceiling
Gipsputz	Gypsum plaster
3S-Platte schwarz	3S board black
Ku Blech	Copper sheet

Dachterrasse	Roof terrace
Kupferblech	Copper sheet
Holzlattenrost	Wood lath grid
Luft	Air
EPDM Abdichtung	EPDM seal
Holzwerkstoffplatte	Timber product board
Vakuumdämmplatte	Vacuum insulation board
Bitumengranulat	Bitumen granulate
Bitumendampfbremse	Bitumen vapor barrier
Stahlbetondecke	Reinforced concrete ceiling
Deckenputz	Ceiling plaster

Solaranlage	Solar system
Fortluft	Escaping air
Abluft	Exhaust air
Zuluft	Supply air
Frischluft	Fresh air
Kombispeicher	Combination tank
Pellets-Heizkessel	Pellet boiler
Erdkollektor	Ground heat collector
Waschküche/Trockenraum	Laundry/Drying room
Dachgeschoss	Attic level
Obergeschoss	Upper level
Erdgeschoss	Ground level

Fortluft	Escaping air
Lüftungsgerät	Ventilation device
Warmwasser	Warm water
Abluft	Exhaust air
Zuluft	Supply air
Flächenheizung	Radiant panel heating
Solarkollektor Südost	Southeast solar collector
Solarkollektor Südwest	Southwest solar collector
Abluft aus dem Technikraum	Exhaust air from the technical room
Frischluft	Fresh air
Zentrale Kühlschrankanlage	Refrigerator system central station
Pelletskessel	Pellet boiler
Speicher	Tank
Erdreich-Wärmetauscher	Ground heat exchanger

Kellerdecke	Cellar ceiling
Innen/warm	Inside/warm
Bodenbelag	Floor covering
Estrich	Screed
Folie	Foil
expandiertes Polystyrol	Expanded polystyrene
Beschüttung	Aggregate
Stahlbeton-Decke	Reinforced concrete ceiling
Putz	Plaster
Keller/kalt	Cellar/cold

Dach	Roof
Außen/kalt	Outside/cold
Dachsteine	Roofing tiles
Lattung	Lath
Konterlattung	Counter lath
Hinterlüftung	Rear ventilation
Dachpappe	Roofing paper
Sparren	Rafter
Dämmung, Alu-kaschiert	Insulation, aluminum covered
Stösse abgeklebt	Joints taped over
Sparren	Rafter
Lattung	Lath
Gipskarton	Gypsum plaster board
Innen/warm	Inside/warm
Außenwand	Exterior wall
Außen/kalt	Outside/cold
Außenputz	Exterior plaster
expandiertes Polystyrol	Expanded polystyrene
Kalksandstein	Lime-sandstone
Innen/warm	Inside/warm

Haustrennwand	House separating wall
Dach	Roof
Dachsteine	Roofing tiles
Lattung	Lath
Konterlattung	Counter lath
Dachpappe	Roofing paper
Schalung	Boarding
Sparren	Rafter
PU Dämmpla.	PU insulation panel
Alu-kaschiert	Aluminum covered
Stösse abgeklebt	Joints taped over
Gipskarton	Gypsum plasterboard
Schaumglas	Foam glass
Spachtelung	Filling
Kalksandstein	Lime-sandstone
Polystyrol	Polystyrene
Kalkbandstein	Lime-sandstone
EG-Boden	Ground level floor
Bodenbelag	Floor covering
Estrich	Screed
Folie	Foil
Dämmung	Insulation
Beschüttung	Aggregate
STB-Decke	Reinforced concrete ceiling
Putz	Plaster

PE-Folie	PE foil
Pfette	Purlin
Fusspfette	Inferior purlin
Insektenschutz	Insect protection
Unterschichtschalung	Bottom layer boarding
Dachsteine	Roofing tiles
Lattung	Lath
Konterlattung	Counter lath
Dachpappe	Roofing paper
Schalung	Boarding
Sparren	Rafter
Dämmung	Insulation
Alu-kaschiert	Aluminum covered
Lattung	Lath
Gipskarton	Gypsum plaster board
Aussenputz	Exterior plaster
Polystyrol	Polystyrene
Kalksandstein	Lime-sandstone
Gipskarton	Gypsum plaster board
Aussenputz	Exterior plaster
Polystyrol	Polystyrene
Kalksandstein	Lime-sandstone
Spachtelung	Filling

Fenster vertikal (horizontal gleich)	Window vertical (horizontal is the same)
Aussenputz	Exterior plaster
Polystyrol	Polystyrene
Kalksandstein	Lime-sandstone
Spachtelung	Filling
Rundherum Foliendichtung	Foil seal all around
Bodenbelag	Floor covering
Estrich	Screed
Folie	Foil
Polystyrol	Polystyrene
Beschüttung	Fill
STB-Decke	Reinforced concrete ceiling
Putz	Plaster
Acryldichtung	Acrylic seal
Schaumglas	Foam glass

Dach	Roof
Außen/cold	Outside/cold
Wellblech	Corrugated steel sheet
Lattung	Lath
Konterlattung	Counter lath
Abdichtung	Seal
OSB-Platte	OSB board
TJI-Träger/Zellulose	TJI beam/cellulose
Dampfbremse	Vapor barrier
Gipskartonplatten	Gypsum plasterboard
Innen/warm	Inside/warm —>

—> Außenwand	Exterior wall
Außen/kalt	Outside/cold
Außenputz	Exterior plaster
Korkplatte	Cork panel
Ziegelmauerwerk	Brick wall
Innenputz	Interior plaster
Kellerdecke	Cellar ceiling
Parkett	Parquet
Kork	Cork
Zellulose	Cellulose
zw. Holzunterkonstruktion	betw. wood substructure
Stahlbetondecke	Reinforced concrete ceiling
Keller/unbeheizt	Cellar/unheated

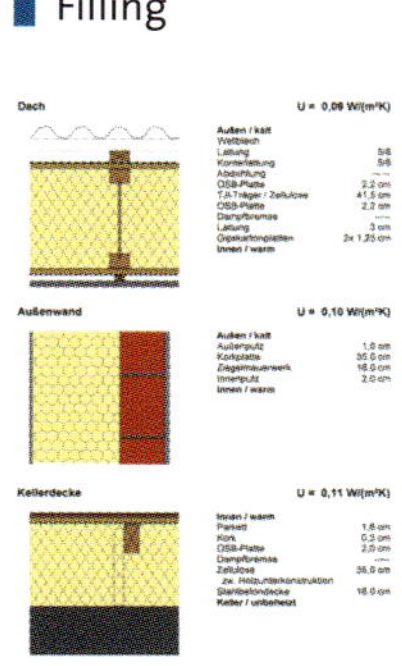

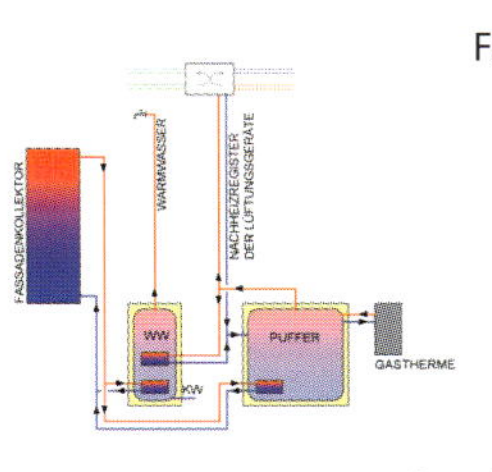

Außenwand Fassadenkollektoren	Exterior wall facade collectors
Außen/kalt	Outside/cold
Glasabdeckung	Glass covering
Luft	Air
Absorber	Absorber
Steinwolle	Stone wool
OSB-Platte	OSB board
TJI-Träger/Zellulose	TJI beam/cellulose
OSB-Platte	OSB board
Folie	Foil
Ziegelmauerwerk	Brick wall
Innenputz	Interior plaster
Innen/warm	Inside/warm

Südfassade Öffnungsflügel	South facade opening frame
Wellblech	Corrugated steel sheet
Lattung	Lath
Konterlattung	Counter lath
Abdichtung	Seal
OSB-Platte	OSB board
TJI/Zellulose	TJI/cellulose
Dampfsperre	Vapor barrier
Gipskarton	Gypsum plaster board
Solarkollektor	Solar collector
Belag	Covering
Kork	Cork
Estrich	Screed
Folie	Foil
STB-Decke	Reinforced concrete ceiling
Holzboden	Wood floor
Zellulose	Cellulose
zw. Holzkon.	betw. wood structure
Stahlbeton	Reinforced concrete

Nordfassade Dachanschluss	North facade roof connection
Wellblech	Corrugated steel sheet
Lattung	Lath
Konterlattung	Counter lath
Abdichtung	Seal
OSB-Platte	OSB board
TJI/Zellulose	TJI/cellulose
Dampfbremse	Vapor barrier
Gipskarton	Gypsum plaster board
Acryl	Acrylic
Butylband	Butyl tape
Belag	Covering
Kork	Cork
Estrich	Screed
Folie	Foil
STB-Decke	Reinforced concrete ceiling
Innenputz	Interior plaster
Ziegelmauerwerk	Brick wall
Korkplatten	Cork panel
Aussenputz	Exterior plaster
Winkel	Angle iron

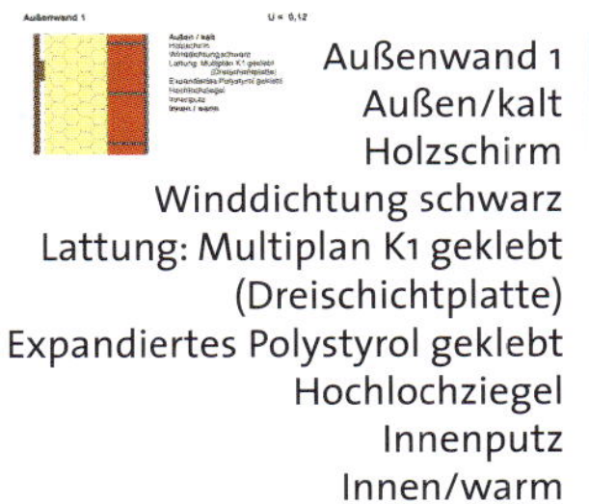

Fassadenkollektor	Facade collector
Warmwasser	Warm water
Wärmepumpe	Heat pump
Fortluft	Escaping air
Zuluft	Supply air
Abluft	Exhaust air
Lüftungsgerät	Ventilation device
Puffer	Tank
Frischluft	Fresh air
Erdreichwärmetauscher	Ground heat exchanger

Obere Geschossdecke	Upper level ceiling
(gegen unbeheizt)	(against unheated)
Abstellraum/unbeheizt	Store room/unheated
EPS (expandiertes Polystyrol)	EPS (expanded polystyrene)
Stahlbeton/Decke	Reinforced concrete ceiling
Innenputz	Interior plaster
Innen/warm	Inside/warm
Im Bereich des	In the area of the
Technikraumes 25 cm EPS	technical room 25 cm EPS
Bodenplatte	Floor panel
Belag	Covering
Spanplatte	Particle board
Fussbodenheizung	Floor heating
Alu-Schirm	Aluminum lining
EPS Formteil	Preformed EPS
Trittschalldämmung	Impact noise insulation
Splittschüttung	Grit layer
Dampfbremse	Vapor barrier
Stahlbeton-Decke	Reinforced concrete floor
Extrudiertes Polystyrol	Extruded polystyrene
Erdreich	Earth

Außenwand 1	Exterior wall 1
Außen/kalt	Outside/cold
Holzschirm	Wood lining
Winddichtung schwarz	Wind seal, black
Lattung: Multiplan K1 geklebt	Lath: Multiplan K1, glued
(Dreischichtplatte)	Three-layer board
Expandiertes Polystyrol geklebt	Expanded polystyrene, glued
Hochlochziegel	Vertically perforated brick
Innenputz	Interior plaster
Innen/warm	Inside/warm

Deckenanschluss	Floor connection
Silikonfüge	Silicon joint
Belag	Covering
Spanplatte	Particle board
Alu-Schirm	Aluminum lining
EPS Formteil	Preformed EPS
PE-Folie	PE foil
Splitt	Grit
STB-Decke	Reinf. conc. floor
Innenputz	Interior plaster
Sylomer Lager	Sylomer bearing
Innenputz	Interior plaster
Hochlochziegel	vertically perforated brick
EPS geklebt	EPS glued
Multiplan K1 geklebt	Multiplan K1 glued
Winddichtung schwarz	Wind seal black
Holzschirm	Wood lining

Fenster Horizontal	Window horizontal
Innenputz	Interior plaster
Hochlochziegel	Vertically perforated brick
EPS geklebt	EPS glued
Lattung	Lath
Multiplan K1 geklebt	Multiplan K1 glued
Winddichtung schwarz	Wind seal black
Holzschirm	Wood lining
Montageschaum	Installation foam
Kompriband	Jointing tape
Silikonfuge	Silicon joint

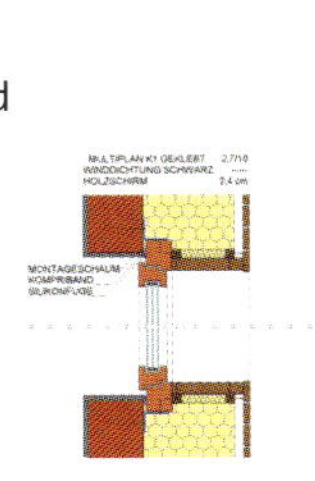

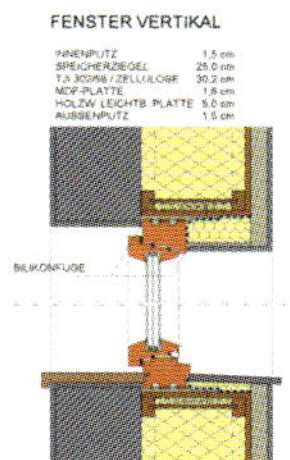

Traufe	Eaves
Dachziegel	Roof brick
Lattung	Lath
Konterlattung	Counter lath
Diff. offene Dachbahn	Diffusion open roof strip
MDF-Platte	MDF board
TJI 406/Zellulose	TJI 406/cellulose
OSB-Platte	OSB board
Dampfbremse	Vapor barrier
Lattung/Installation	Lath/installation
Gipskarton Platte	Gypsum plaster board
Dünnputz	Thin plaster
Mineralischer Aussenputz	Mineral exterior plaster
Holzwolle Leichtbauplatten	Wood wool building slab
TJI 302/58/Zellulose	TJI 302/58/cellulose
Leichtbeton Speicherziegel	Light concrete heat-storing brick
Innenputz	Interior plaster

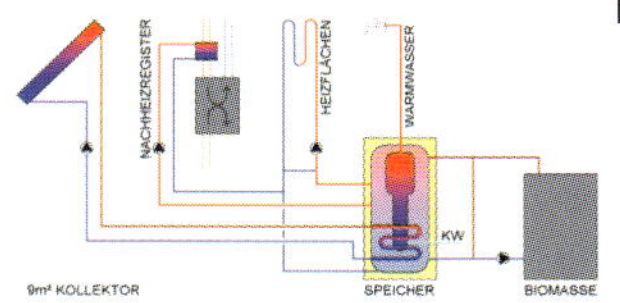

Fenster Vertikal	Vertical window
Innenputz	Interior plaster
Speicherziegel	Heat-storing brick
TJI 302/58/Zellulose	TJI 302/58/cellulose
MDF-Platte	MDF board
Holzw. Leichtb. Platte	Wood wool building slab
Aussenputz	Exterior plaster
Silikonfuge	Silicon joint

Nachheizregister	Suppl. heating register
Heizflächen	Heating surfaces
Warmwasser	Warm water
Kollektor	Collector
Speicher	Tank
Biomasse	Biomass